普通高等教育“十四五”规划教材

土木工程毕业设计指导书

主　编　张红涛　韩雨东　鲁明星
副主编　高华国　李吉人

北　京
冶 金 工 业 出 版 社
2024

内 容 提 要

本书依据国家最新的《建筑抗震设计规范（2016 年版）》(GB 50011—2010)、《混凝土结构设计规范（2015 年版）》(GB 50010—2010)、《建筑地基基础设计规范》（GB 50007—2011）等编写。全书主要内容包括建筑设计简要、结构布置、荷载计算、内力分析与组合、框架结构设计、基础设计、电算分析、常用电算软件介绍及参数简介等。

本书可作为高等院校土木工程专业的教学用书，也可供有关工程技术人员参考。

图书在版编目(CIP)数据

土木工程毕业设计指导书/张红涛，韩雨东，鲁明星主编.—北京：冶金工业出版社，2024.3

普通高等教育“十四五”规划教材

ISBN 978-7-5024-9818-4

Ⅰ.①土… Ⅱ.①张… ②韩… ③鲁… Ⅲ.①土木工程—毕业设计—高等学校—教学参考资料 Ⅳ.①TU

中国国家版本馆 CIP 数据核字(2024)第 066848 号

土木工程毕业设计指导书

出版发行 冶金工业出版社　　**电　话** (010)64027926

地　址 北京市东城区嵩祝院北巷 39 号　　**邮　编** 100009

网　址 www. mip1953. com　　**电子信箱** service@ mip1953. com

责任编辑 任咏玉 杨 敏 美术编辑 吕欣童 版式设计 郑小利

责任校对 李欣雨 责任印制 窦 唯

北京建宏印刷有限公司印刷

2024 年 3 月第 1 版，2024 年 3 月第 1 次印刷

787mm×1092mm 1/16；8.25 印张；195 千字；123 页

定价 39.00 元

投稿电话 (010)64027932 投稿信箱 tougao@cnmip. com. cn

营销中心电话 (010)64044283

冶金工业出版社天猫旗舰店 yjgycbs. tmall. com

（本书如有印装质量问题，本社营销中心负责退换）

前　言

毕业设计是对学生所学各门课程的一个全面总结，可以通过毕业设计提高学生综合运用知识的能力，从而培养学生独立分析问题和解决问题的专业素养，为今后的实际工作奠定坚实的基础。毕业设计是一项综合性很强的实践教学环节，需要建立规范、科学的管理及执行体系，以提高学生运用所学知识解决复杂工程的能力。在此背景下，我们组织编写了本书作为应用型人才培养的核心教材。

本书具有以下特点：(1) 引入了建筑设计院所当下常用的设计方法，对一些烦琐的计算过程适当简化，大大提高了计算效率；(2) 设计案例计算条理清晰，并配有大量的表格和插图辅助说明；(3) 手算与电算相结合，便于学生对计算结果进行比较；(4) 内容全面，涵盖了“房屋建筑学”“结构设计原理”“基础工程”“建筑抗震设计”等众多核心课程。

本书由张红涛、韩雨东、鲁明星担任主编，高华国、李吉人担任副主编。韩雨东编写第 1 章，鲁明星编写第 2 章，张红涛编写第 3 章，高华国、李吉人编写第 4 章和本书的 CAD 图。全书由张红涛修改定稿。辽宁科技大学的多位老师和研究生在表格处理、数据校核方面做了大量工作，给予了各方面的支持，在此表示感谢。

本书在编写过程中，参考了有关文献资料，在此，向文献资料的作者表示感谢。

由于编者水平所限，书中不妥之处，敬请广大读者批评指正。

编　者

2023 年 11 月于辽宁

目　录

1　毕业设计的目的和要求

1.1　毕业设计的目的和意义

毕业设计是土木工程专业本科培养计划中最后一个主要教学环节，也是最重要的综合性实践教学环节，目的是通过毕业设计这一时间较长的专门环节，培养土木工程专业本科生综合应用所学基础课、技术基础课及专业课知识和相应技能，解决具体的土木工程设计问题所需的综合能力和创新能力。

和其他教学环节不同，毕业设计要求学生在指导教师的指导下，独立、系统地完成一项工程设计，解决与之相关的所有问题，熟悉相关设计规范、手册、标准图以及工程实践中常用的方法，具有实践性、综合性强的显著特点。因而对培养学生的综合素质、增强工程意识和创新能力具有其他教学环节无法代替的重要作用。

1.2　毕业设计的过程、特点和总体要求

房屋建筑工程毕业设计一般包括建筑设计、结构设计和施工组织设计三个方面，本书暂不做施工组织设计方面的介绍。毕业设计过程包括设计准备、正式设计、毕业答辩三个阶段。设计准备阶段主要任务是根据设计任务书要求，明确工程特点和设计要求，收集有关资料，拟定设计计划。这一阶段要求学生要积极主动，多方面、全方位收集有关资料，尽可能深入了解项目特点，对即将开始的毕业设计工作有一个宏观的认识，并制订总的时间计划。

正式设计阶段是毕业设计的关键，一般指导教师会提出明确的要求，及时给予具体的指导。学生在此阶段需完成所有具体的计算和设计，绘制相应的施工图。房屋建筑工程毕业设计不仅需要完成大量的计算工作（包括手算和电算及其对比分析），还需要在绘制施工图上耗费较多的时间。因此，必须严格按照进度计划要求，一开始就抓紧时间，分部分按时完成相应设计任务，要特别注意避免前松后紧的现象。这一阶段一般根据设计具体任务的不同还会细分为几个具体阶段，常细分为建筑设计、结构设计、施工设计等不同阶段，具体阶段之间有严格的时间制约关系，且多数情况下会由不同的教师指导。学生经常在各具体阶段开始时感到茫然不知所措，又不积极向指导老师请教，导致浪费时间，既不能按时完成本阶段全部任务，又影响下一阶段工作的正常进行，最后导致来不及认真整理毕业设计成果，影响毕业设计总的效果。

毕业设计答辩阶段主要任务在于总结毕业设计过程和成果，力争清晰准确地反映所做

的工作，并结合自己的设计深化对有关概念、理论、方法的认知。正式答辩时应表述简明扼要，逻辑性强，回答问题有理有据。

总之，要求学生通过毕业设计，在资料查阅、设计安排、分析计算、施工图绘制、口头表达等各个方面得到综合训练，具备从事相关工作的基本技术素养和技能。

2 建筑设计的内容和方法

衣、食、住、行是人类生存的最基本的需要，而建筑就是为了解决人类“住”的问题的。对于建筑，它不但要为人们提供一个空间，而且要为人们创造一个有组织的空间环境。另外，建筑在为人们提供一个有组织的内部空间环境的同时，也创造了一个有组织的外部空间环境。

房屋的建造是一个较为复杂的物质生产过程，影响房屋设计和建造的因素很多。因此在施工前必须有一个完整的设计方案，综合考虑各种因素，编制出一整套设计施工图纸和文件。实践证明，遵循必要的设计程序、充分做好设计前的准备工作、划分必要的设计阶段，对提高建筑物的质量，多快好省地设计和建造房屋是极为重要的。

2.1 建筑设计的前期准备工作

前期准备工作是建筑设计的一个重要阶段，因为它要为以后的方案设计、施工图设计提供必要的并且充分的设计依据，以保证建成的建筑物实用、经济、美观。

2.1.1 熟悉设计任务书

具体着手设计前，首先需要熟悉设计任务书，以明确建设项目的设计要求。工程设计任务书，一般是由建设单位（甲方）根据使用要求提出的，应包含以下内容。

（1）建筑物的名称、建造目的和总的要求：从中可以了解拟建建筑物的性质及其大概的使用要求。

（2）建筑物的规模、具体使用要求以及各类用途房间的面积分配情况：包括建筑面积、层数、内部房间的组成、大小和使用要求。

（3）建筑投资和造价限额，并说明土建费用、房屋设备费用，以及道路等室外附属工程费用的分配情况。

（4）拟建建筑物地段的描述：包括基地的范围、大小、形状、自然地形、周围原有建筑、道路、环境的现状；并附基地平面图（含道路及建筑红线图）。

（5）供电、供水和采暖、空调等设备方面的要求，并附有水源、电源接用许可文件。

（6）对建筑设计的特殊要求。

（7）建筑设计的完成期限和图纸要求。

如果建设单位所提供的设计任务书内容不全面，或深度不满足设计要求时，设计者可以向建筑单位提出，并索要相关资料，以满足设计的需要。

2.1.2 收集必要的设计原始资料

设计人员在充分熟悉了任务书的同时，需要收集下列有关的原始数据和设计资料。

（1）地质水文资料：应要求建设单位提供拟建建筑场地的地勘报告。该地勘报告应由具有相应资质的勘察设计单位对拟建场地进行勘察后提出。另外，还应了解场地所在地区的抗震设防烈度。

（2）气象资料：即所在地区的温度、湿度、日照、雨雪、主导风向和风速，以及冻土深度等。

（3）水电设备管线资料：基地地下的给水、排水、电缆等管线布置情况，以及基地上架空线等供电线路情况。

（4）与设计项目有关的国家及所在地区的定额指标。

2.1.3 做好设计前的调查研究工作

在接受了设计任务书以后，作为设计者还必须深入实际，调查研究，这样才能完成一件好的作品。这部分工作主要包含以下几项主要内容。

（1）建筑物的具体使用要求：对于那些设备较多，并有一定的使用流程的建筑物，必须明确其特殊的使用要求。如医院的设计，就必须了解医院都有哪些医用设备，这些设备的几何尺寸、摆放要求，以及对所使用房间的环境要求等；在食堂的设计中，需要了解主、副食加工的作业流程，工作人员和就餐人数、服务方式、燃料种类等资料。

（2）建筑材料的供应和结构施工的技术条件等：了解当地建筑材料的品种、规格、价格等情况，以及施工技术和起重、运输等设备条件。

（3）基地踏勘：根据规划部门划定的用地红线，进行现场踏勘，充分了解基地及周围环境的现状，并与已有资料核对。如不符合，应给予补充修改。根据基地的地形、方位、面积等条件，以及基地周围原有建筑、道路、绿化等方面的因素，考虑拟建建筑物的总平面布局。

（4）参考同类型设计的文字及图纸资料：在方案设计开始前，应多方面收集并翻阅同类型设计的有关资料，分析其利弊，使自己的思路开阔，并从中吸取经验。

2.1.4 学习有关的国家法规和规范

国家的有关法规和规范是建筑设计的依据性文件，如《民用建筑设计通则》《建筑设计防火规范》《高层民用建筑设计防火规范》等通用性规范和《住宅设计规范》《办公建筑设计规范》等专门性规范。

2.2 建筑设计任务书

2.2.1 办公楼毕业设计任务书

（1）题目及要求。

1）工程名称：××办公楼。

2）建筑地点：××省××市××路。

3）建筑规模：总建筑面积为4000~5000 m^2，底层层高为3.9~4.2 m，二层及二层以上各层高 3.3~3.6 m。

4）结构形式：框架结构。

5）屋面为上人屋面。

6）设计的主要房间：

①办公室，普通办公室、部门负责人办公室等，总计约 2500 m^2。

②图书资料室，约 100 m^2。

③档案室，约 100 m^2。

④会议室，约 100 m^2。

⑤复印室，约 40 m^2。

⑥其他房间可灵活布置。

⑦门厅、交通及辅助面积，约 1000 m^2。

以上面积为使用面积。

（2）水文地质气象资料。

1）本建筑位于北方某市区，夏季通风的室外空气计算温度为 32 ℃，冬季采暖的室外空气计算温度为-5 ℃；室内计算温度：卫生间、楼梯间和大厅为 16 ℃，其他均为 18 ℃；平均年总降水量为 655.0 mm，日最大降雨量为 189.4 mm。

2）土壤冻结深度：1200 mm。

3）场地地质情况：详见设计任务书。

4）抗震设防烈度为 7 度。

（3）建筑标准。

1）建筑的耐火等级：二级。

2）采光等级：Ⅱ级。

3）建筑结构的安全等级：二级。

4）建筑设计合理使用年限：50 年。

（4）成果要求。

1）设计过程分方案设计和施工图设计两个部分，以施工图设计为主。

2）方案设计，不做具体要求。

3）施工图设计。

①底层平面图、标准层平面图、屋面排水组织设计图，比例：1∶100（1∶150，1∶200）。

②正立面图侧立面图各一个，比例：1∶100（1∶150）。

③剖面图（剖切位置要求剖到楼梯），比例：1∶100。

④详图 2~3 个，如墙身剖面图、楼梯详图等，比例：（1∶20，1∶50）。

⑤简要说明：简要的建筑设计说明，包括建筑名称、建设地点、建设单位、建筑面积、建筑基地面积、设计合理使用年限、建筑层数和建筑高度、建筑防火分类和耐火等级、屋面防水等级、无障碍设计、节能设计、主要结构类型、抗震设防烈度等，以及能反映建筑规模的技术经济指标等。其他需要说明的内容有方案的特点、设计构思、疏散组织、平面组合和建筑造型处理等。

⑥图纸规格：最好是 A1 图纸，图幅尺寸为 594 mm×841 mm，图纸 x 张。

（5）建筑设计主要参考资料：

1）《建筑构造》教材；

2）《房屋建筑学》教材；

3）《建筑设计资料集》(第 2 版)；

4）《建筑制图标准》(GB/T 50104—2010)；

5）《房屋建筑制图统一标准》(GB/T 50001—2017)；

6）《建筑设计防火规范（2018 版）》(GB 50016—2014)；

7）《办公建筑设计标准》(JGJ/T 67—2019)；

8）《民用建筑设计统一标准》(GB 50352—2019)；

9）《建筑防火通用规范》(GB 55037—2022)。

2.2.2 教学楼毕业设计任务书

（1）修建地点：该教学楼为某初级中学教学楼，学校位于新建住宅区内。

（2）房间名称和使用面积：

房间名称和使用面积如表 2-1 所示。

表 2-1 房间名称和使用面积表

房间名称	间数	每间使用人数	面积/m^2	备注
合班教室	4~8	200~250	350~400	
普通教室（1）	6~10	100~150	150~200	
普通教室（2）	8~12	60~80	100~120	
普通教室（3）	10~20	40~60	60~72	
讨论教室	10~20	40~60	60~72	
办公室	10~20	20~40	40~50	
资料室	5	80		
卫生间				按相关规范确定

注：层数可以根据自己方案灵活确定。

（3）建筑标准：

1）建筑面积及层数，建筑面积约为 5000 m^2，建筑高度不超过 24 m；

2）建筑的耐火等级：二级；

3）建筑结构的安全等级：一级；

4）建筑设计合理使用年限：50 年；

5）结构形式，框架结构；

6）门窗，木门、塑钢窗；

7）采光，普通教室、实验室、计算机教室和办公室等窗地面积比不小于 1∶5.0；

8）疏散走道及疏散楼梯设计严格按照《中小学校设计规范》设计。

（4）设计要求：

1）结合建筑构造设计的基本理论和方法进行设计；

2）使用部分功能合理，充分考虑房间的日照、通风、采光等问题；

3）交通联系部分功能合理，交通联系畅通；

4）综合考虑平面、立面、剖面三者的关系，按完整的三维空间概念进行设计。

（5）设计内容：

1）平面图（底层平面图、标准层平面图），比例：1∶100（必要时1∶150）；

2）立面图（主要立面和侧立面），比例：1∶100（必要时1∶150）；

3）剖面图（1~2个），比例：1∶100；

4）屋顶平面图，比例：1∶200；

5）外墙身剖面节点详图，比例：1∶20；

6）楼梯详图，比例：1∶50；

7）总平面设计图设计与否，可以酌情掌握。

（6）建筑设计参考资料：

1）《中小学校设计规范》(GB 50099—2011)；

2）《建筑设计资料集3》(第2版)。

其余详见办公楼毕业设计参考资料。

2.3　办公楼建筑设计指导

2.3.1　一般规定

毕业设计的办公楼为三类普通办公建筑，设计使用年限为50年。

（1）五层及五层以上办公建筑应设电梯。

（2）电梯数量应满足使用要求，按办公建筑面积每5000 m^2 至少设置1台。

（3）办公建筑的体形设计不宜有过多的凹凸与错落。

（4）办公建筑的底层窗宜采取安全防范措施，外窗不宜过大，可开启面积不应小于窗面积的30%，并应有良好的气密性、水密性和保温隔热性能，满足节能要求。

（5）办公建筑的门洞口宽度不应小于1000 mm，高度不应小于2100 mm；机要办公室、财务办公室、重要档案库、贵重仪表间和计算机中心的门应采取防盗措施，室内宜设防盗报警装置。

（6）办公建筑的门厅应符合下列要求。

1）门厅内可附设传达、收发、会客、服务、问讯、展示等功能房间。

2）楼梯、电梯厅宜与门厅邻近，并应满足防火疏散的要求。

3）有中庭空间的门厅应组织好人流交通，并应满足现行国家防火规范规定的防火疏散要求。

（7）办公建筑的走道应符合下列要求。

1）宽度应满足防火疏散要求，最小净宽应符合表2-2的规定。

2）高差不足两级踏步时，不应设置台阶，应设坡道，其坡度不宜大于1∶8。

表 2-2 走道最小净宽 (m)

走道长度	走道宽度	
	单面布置房间	双面布置房间
≤40	1.30	1.50
>40	1.50	1.80

(8) 根据办公建筑分类，办公室的净高应满足：一类办公建筑不应低于 2.70 m；二类办公建筑不应低于 2.60 m；三类办公建筑不应低于 2.50m。办公建筑的走道净高不应低于 2.20 m，储藏间净高不应低于 2.00 m。

2.3.2 办公用房设计要求

办公建筑应根据使用性质、建设规模与标准的不同，确定各类用房。办公建筑由办公室用房、公共用房、服务用房和设备用房等组成。设计要求详见《办公建筑设计标准》(JGJ/T 67—2019)。

(1) 办公室用房。办公室包括普通办公室和专用办公室。办公室用房宜有良好的天然采光和自然通风，宜有避免西晒和眩光的措施。

机要部门办公室应相对集中，与其他部门宜适当分隔；值班办公室可根据使用需要设置；普通办公室每人使用面积不应小于 4 m^2，单间办公室净面积不应小于 10 m^2。

(2) 公共用房。公共用房包括会议室、对外办事厅、接待室、陈列室、公用厕所、开水间等。

1) 会议室。

①根据需要可分设中、小会议室和大会议室。

②中、小会议室可分散布置。小会议室使用面积宜为 30 m^2，中会议室使用面积宜为 60 m^2。

③大会议室应根据使用人数和桌椅设置情况确定使用面积，平面长宽比不宜大于 2∶1，宜有扩音、放映、多媒体、投影、灯光控制等设施，并应有隔声、吸声和外窗遮光措施；大会议室所在层数、面积和安全出口的设置等应符合国家现行有关防火规范的要求。

2) 公用厕所。

①距离最远工作点不应大于 50 m。应设前室，前室内宜设置洗手盆。公用厕所的门不宜直接开向办公用房、门厅、电梯厅等主要公共空间。

②宜有天然采光、通风。

③男厕所每 40 人设大便器 1 具，每 30 人设小便器 1 具；女厕所每 20 人设大便器 1 具；洗手盆每 40 人 1 具。门内开时一个蹲位的最小尺寸为 900 mm×1400 mm；门外开时一个蹲位的最小尺寸为 900 mm×1200 mm。

(3) 服务用房和设备用房。服务用房应包括一般性服务用房和技术性服务用房。一般性服务用房为档案室、资料室、图书阅览室、文秘室、汽车库、非机动车库、员工餐厅、卫生管理设施间等。技术性服务用房为计算机房、财务室、晒图室等。

服务用房和设备用房的设计要求详见《办公建筑设计标准》(JGJ/T 67—2019)。

2.3.3 楼梯和电梯的设计

楼梯和电梯是建筑物交通联系部分的垂直交通空间，其使用要求有足够的通行宽度，通风采光良好，联系便捷，互不干扰等。此外，在满足使用功能的前提下，要尽量减少交通面积以提高平面的利用率。

（1）楼梯的设计要求。

1）楼梯按使用性质分为主要楼梯、辅助楼梯和消防楼梯。主要楼梯通常布置在建筑物门厅内明显的位置或靠近主入口的位置；辅助楼梯布置在建筑物的次要出入口或建筑物适当的位置，如建筑物的走廊（过道）转折处，可容纳比较小的人流，或仅供紧急疏散使用；消防楼梯则专为防火使用。

2）在通常情况下，每一幢公共建筑均应设两个楼梯。

3）楼梯梯段的踏步步数一般不宜超过 18 级，但也不宜少于 3 级。

4）楼梯的梯段宽一般按 550～700 mm 为一股人流设计。一般一股人流楼梯宽度大于 900 mm，两股人流楼梯宽度为 1100～1400 mm，三股人流楼梯宽度为 1650～2100 mm，但公共建筑楼梯宽度都应满足不少于两股人流的宽度；每一梯段的水平投影长度为 $L=(N-1)b$，b 为踏步宽，N 为梯段踏步数；楼梯的平台深度（净宽）不应小于其梯段的宽度。

5）踏步的高度，成人以 150 mm 左右为宜，不应高于 175 mm；踏步的宽度以 300 mm 左右为宜，不应小于 260 mm。

6）梯段栏杆扶手高度一般不宜小于 900 mm；室外楼梯临空高度小于 24 m 时，栏杆高度应不小于 1050 mm，临空高度大于或等于 24 m 时，栏杆高度应不小于 1100 mm。

7）楼梯平台处净高应不小于 2000 mm；梯段下净空高度应不小于 2200 mm。

（2）电梯的设计要求。

1）电梯的布置形式一般有单侧式和对面式两种；电梯间应布置在人流集中的地方，如门厅、出入口等；电梯等候厅应有足够的面积、天然采光及自然通风。

2）电梯与楼梯宜靠近布置，以便灵活使用，并有利于疏散。

3）电梯井道无天然采光要求，主要考虑人流交通方便，布置较为灵活。

2.3.4 防火设计

（1）安全出口的设置要求。安全出口应直接通向室外安全区域或室内的避难走道、避难层等安全区域。民用建筑的安全出口应分散布置。每个防火分区、一个防火分区的每个楼层，其相邻 2 个安全出口最近边缘之间的水平距离不应小于 5.0 m。

公共建筑内的每个防火分区、一个防火分区的每个楼层，其安全出口的数量应根据计算确定，且不应少于 2 个，当符合一定的条件时可只设置 1 个。

（2）疏散出口的设置要求。疏散出口是直接通向疏散通道的门。公共建筑和通廊式非住宅类居住建筑中各房间疏散门的数量应经计算确定，且不应少于 2 个，该房间相邻 2 个疏散门最近边缘之间的水平距离不应小于 5.0 m。当符合一定的条件时可只设置 1 个。

（3）安全疏散距离。

1）直接通向疏散走道的房间疏散门至最近安全出口的距离应符合表 2-3 的规定。

2）直接通向疏散走道的房间疏散门至最近非封闭楼梯间的距离，当房间位于两个楼梯间之间时，应按表 2-3 的规定减少 5.0 m；当房间位于袋形走道两侧或尽端时，应按表 2-3 的规定减少 2.0 m。

3）楼梯间的首层应设置直通室外的安全出口或在首层采用扩大封闭楼梯间。

4）房间内任一点到该房间直接通向疏散走道的疏散门的距离，不应大于表 2-3 中规定的袋形走道两侧或尽端的疏散门至安全出口的最大距离。

表 2-3 直接通向疏散走道的房间疏散门至最近安全出口的最大距离 （m）

名称	位于两个安全出口之间的疏散门			位于袋形走道两侧或尽端的疏散门		
	耐火等级			耐火等级		
	一、二级	三级	四级	一、二级	三级	四级
托儿所、幼儿园	25	20	—	20	15	—
医院、疗养院	35	30	—	20	15	—
学校	35	30	—	22	20	—
其他民用建筑	40	35	25	22	20	15

注：一、二级耐火等级的建筑物内的观众厅、展览厅、多功能厅、餐厅、营业厅和阅览室等，其室内任何一点至最近安全出口的直线距离不宜大于 30 m。

2.3.5 平面空间组合

（1）走道式组合形式使各个房间沿走道两侧布置，房间门直接通向走道，各个房间通过走道相互联系，不被交通穿越，保持房间的相对独立性；且各个房间有直接的天然采光和通风，结构布置简单，办公楼常采用此种平面组合形式。

在框架结构中，为减少结构构件类型和便于机械化施工，首先应根据使用要求、用地条件等情况按建筑模数选择柱距和跨度，合理确定建筑平面，各个房间按柱网尺寸来确定。例如，办公建筑通常设计为内走道形式，三跨，走道宽度为 2.4 m、2.7 m、3.0 m 等，两边跨度可选为 6.0 m、6.3 m 或 6.6 m 等，柱距可取为 6.0 m、6.3 m、6.6 m 或 7.2 m 等。当柱网采用 6600 mm×6600 mm 时，则单房间尺寸为 3300 mm×6600 mm；普通办公室为 6600 mm×6600 mm；会议室为 13200 mm×6600 mm；少数有特殊要求的大房间如计算机室等可设于办公楼的一端，以免受柱网尺寸的限制。

（2）办公楼的绝大部分房间为小空间，但由于使用功能的要求，如大会议室等还需要布置大空间，此时可将大空间布置在顶层，抽出部分框架柱，加大局部建筑层高；或布置在建筑物的端部；或将大空间附建于主体建筑裙房内，不受主体结构的结构形式和建筑层高等方面的影响。

2.3.6 立面设计

建筑的各立面由门、窗、墙、柱、垛、雨篷、檐口、台阶、勒脚、凹廊、阳台、线条等构件组成，恰当地确定这些构件的比例、尺度、材料、质地和色彩等，设计出与整体协调、与内部空间相呼应的建筑立面，就是立面设计的主要任务。

（1）立面比例与尺度：框架结构的办公楼，柱距尺寸较大，框架柱断面尺寸较小，窗可开得宽敞明亮，通过对门窗细部的精细划分，从而获得较好的尺度感。

（2）虚实与凹凸的处理：建筑立面中的“虚”指的是立面上窗、门廊、空廊和凹廊等，给人以轻巧、通透的感觉；“实”指的是墙、柱、屋面和栏板等，给人以厚重、封闭的感觉。立面上凸的部分一般有雨篷、阳台、凸柱、突出的楼梯间等；凹的部分有门洞和凹廊等。通过虚与实、凹与凸的对比与变化，赋予建筑更大的活力，加强光影的变化，从而达到丰富立面的效果。

（3）立面上的细部处理：立面上檐口细部、窗套、雨篷、遮阳板、花台、门厅等的处理称为细部处理，多注重对人的视线引导，通常采取对比的方法，如办公楼，常对门厅处做重点处理，以突出其主要出入口，从而增强办公楼的庄严气氛。

2.3.7 建筑形体规则性

此节内容是从结构抗震的角度对建筑方案的规则性提出了强制性要求。同学们以前做过办公楼和教学楼等的房屋建筑学课程设计，那时，多是从建筑角度进行方案设计的，因为有关结构设计的课程尚未学习。而在毕业设计阶段确定建筑方案时，应严格按照《建筑抗震设计规范（2016年版）》（GB 50011—2010）中条文的规定，保证建筑平面形状、立面、剖面的规则变化，做到建筑专业与结构专业互相配合，紧密结合，设计出抗震性能良好且经济效益好的建筑。

（1）建筑设计应根据抗震概念设计的要求明确建筑形体的规则性。形体指建筑平面形状和立面、竖向剖面的变化，详见《建筑抗震设计规范（2016年版）》（GB 50011—2010）第3.4.1条。

（2）建筑设计应重视其平面、立面和竖向剖面的规则性对抗震性能及经济合理性的影响，宜择优选用规则的形体，其抗侧力构件的平面布置宜规则对称、侧向刚度沿竖向宜均匀变化、竖向抗侧力构件的截面尺寸和材料强度宜自下而上逐渐减小、避免侧向刚度和承载力突变，详见《建筑抗震设计规范（2016年版）》（GB 50011—2010）第3.4.2条。

（3）平面不规则的主要类型划分详见《建筑抗震设计规范（2016年版）》（GB 50011—2010）第3.4.3条。

（4）竖向不规则的主要类型划分详见《建筑抗震设计规范（2016年版）》（GB 50011—2010）第3.4.3条。

2.4 教学楼建筑设计指导

2.4.1 教学用房及教学辅助用房

（1）一般规定。

1）中小学校的教学及教学辅助用房应包括普通教室、专用教室、公共教学用房及其各自的辅助用房。中学的专用教室应包括实验室、史地教室、计算机教室、语言教室、美术教室、书法教室、音乐教室、体育建筑设施及技术教室等。公共教学用房应包括合班教室、图书室、学生活动室等。

2）普通教室与专用教室、公共教学用房间应联系方便，教师休息室宜与普通教室同层设置。各教室前端侧窗窗端墙的长度不应小于 1.00 m，窗间墙宽度不应大于 1.20 m。

前端侧窗窗端墙长度达到 1.00 m 时可避免黑板眩光。过宽的窗间墙会形成从相邻窗进入的光线都无法照射的暗角，暗角处的课桌面亮度过低，学生视读困难。

3）教学用房中窗的采光应符合现行国家标准《建筑采光设计标准》(GB 50033—2013）和《中小学校设计规范》(GB 50099—2011）的要求。外窗的可开启窗扇面积应符合《中小学校设计规范》(GB 50099—2011）中通风换气的要求。普通教室、科学教室、实验室、计算机等专用教室及合班教室、图书室均应以自学生座位左侧射入的光为主。教室为南向外廊式布局时，应以北向窗为主要采光面。

4）教学用房的门除音乐教室外，均宜设置上亮窗，门扇均宜附设观察窗。

5）教学用房及学生公共活动区的墙面宜设置墙裙，中学的墙裙高度不宜低于 1.40 m。

（2）普通教室。

1）普通教室内单人课桌的平面尺寸应为 0.60 m×0.40 m。

2）最前排课桌的前沿与前方黑板的水平距离不宜小于 2.20 m，最后排课桌的后沿与前方黑板的水平距离对于中学不宜大于 9.0 m。前排边座座椅与黑板远端的水平视角不应小于 30°。

3）普通教室的布置应主要控制以下 11 个平面尺度：排距、最前排课桌前沿与前方黑板间的水平距离、最后排课桌的后沿与前方黑板间的水平距离、最后排课桌后的横走道宽度、纵向走道宽度、沿墙布置的课桌端部与墙面或突出物间的净距、前排边座座椅与黑板远端的水平视角、黑板的长度和宽度及高度、讲台长度及宽度、讲台两端边缘与黑板两端边缘的水平距离、前窗端墙宽度。

（3）科学教室与实验室。实验室包括化学实验室、物理实验室、生物实验室、演示实验室和综合实验室。科学教室和实验室均应附设仪器室、实验员室和准备室。化学实验室宜设在建筑物首层，其应附设药品室，化学实验室、化学药品室的朝向不宜朝西或西南。

（4）计算机教室。计算机教室应附设一间辅助用房供管理员工作及存放资料。计算机教室的室内装修应采取防潮、防静电措施，并宜采用防静电架空地板，不得采用无导出静电功能的木地板或塑料地板。

（5）语言教室。语言教室应附设视听教学资料储藏室，可采用普通教室的课桌椅，宜采用架空地板。

（6）音乐教室。音乐教室应附设乐器存放室，门窗应隔声，墙面及顶棚应采取吸声措施。

（7）合班教室。中学宜配置能容纳一个年级或半个年级的合班教室。容纳 3 个班及以上的合班教室应设计为阶梯教室。

1）合班教室最前排座椅前沿与前方黑板间的水平距离不应小于 2.50 m，最后排座椅的前沿与前方黑板间的水平距离不应大于 18.00 m，前排边座座椅与黑板远端间的水平视角不应小于 30°。

2）合班教室墙面及顶棚应采取吸声措施。

（8）任课老师办公室。任课老师的办公室应包括年级组老师办公室和各课程教研组办公室。年级组老师办公室宜设置在该年级普通教室附近。任课老师办公室内宜设置洗手盆。

2.4.2 行政办公用房和生活服务用房

（1）行政办公用房应包括校务、教务等行政办公室，档案室，会议室，学生组织及学生社团办公室，文印室，广播室，值班室，传达室，总务仓库等。

（2）校务办公室宜设置在与全校师生易于联系的位置，并宜靠近校门。教务办公室宜设置在任课老师办公室附近。会议室宜设置在便于教师、学生等使用的适中位置。值班室宜设置在靠近校门处、主要建筑物出入口或行政办公室附近。

（3）教学用建筑内应在每层设饮水处，饮水处前应设置等候空间，等候空间不得挤占走道等疏散空间。

（4）教学用建筑每层均应分设男、女学生卫生间。

（5）男生应至少为每 40 人设 1 个大便器或 1.20 m 长大便槽，每 20 人设 1 个小便斗或 0.60 m 长小便槽。女生应至少每 13 人设 1 个大便器或 1.20 m 长大便槽。每 40~45 人设 1 个洗手盆或 0.60 m 长盥洗槽。卫生间应设前室，男、女卫生间不得共用一个前室。

（6）学生卫生间应具有天然采光、自然通风的条件，并应安置排气管道。

2.4.3 主要教学用房的最小净高

普通教室、音乐教室等最小净高为 3.05 m，科学教室、实验室、计算机教室、合班教室等最小净高为 3.10 m。阶梯教室最后一排距顶棚或上方突出物最小距离为 2.20 m。

2.4.4 交通联系部分设计

（1）疏散。

1）疏散通道宽度最少应为 2 股人流，每股人流的宽度应按 0.60 m 计算，安全出口、疏散走道、疏散楼梯和房间疏散门等处每 100 人的净宽度应按表 2-4 计算。同时，教学用房的内走道净宽度不应小于 2.40 m，单侧走道及外廊的净宽度不应小于 1.80 m。

表 2-4 安全出口、疏散走道、疏散楼梯和房间疏散门每 100 人的净宽度 (m)

所在楼层位置	耐火等级		
	一、二级	三级	四级
地上一、二层	0.7	0.8	1.05
地上三层	0.8	1.05	—
地上四、五层	1.05	1.3	—
地下一、二层	0.8	—	—

2）每间教学用房的疏散门均不应少于 2 个，疏散门的宽度应通过计算确定。每樘疏

散门的通行净宽度不应小于0.90 m。

（2）走道。走道分为内走道（内廊）和外走道（外廊）。教学用房的内走道净宽度不应小于2.40 m。单侧走道及外廊的净宽度不应小于1.80 m。走道要有良好的采光和通风，可在两侧墙上设高窗或门上设亮子满足采光要求，外廊地面应低于室内或向外找坡，做有组织排水。

走道有高差变化时应设置台阶，台阶处应有天然采光或照明，踏步级数不得少于3级，并不得采用扇形踏步。当高差不足3级踏步时，应设置坡道。

（3）楼梯。

1）疏散楼梯的设置应符合现行国家标准《民用建筑设计统一标准》(GB 50352—2019)、《建筑设计防火规范》(GB 50016—2014）和《建筑抗震设计规范（2016年版)》(GB 50011—2010）的有关规定。楼梯梯段宽度应为人流股数的整数倍。每股人流宽度为0.60 m，行进中人体摆幅为0~0.15 m，计算每一梯段总宽度时可增加一次摆幅。教学用房的楼梯间应有天然采光和自然通风。

2）每个梯段的踏步级数不应少于3级，且不应多于18级。

3）教学用房的楼梯宽度应为人流股数的整数倍，梯段宽度不应小于1.2 m。

4）室内楼梯扶手高度不应低于0.90 m，室外楼梯扶手高度不应低于1.10 m。楼梯栏杆杆件或花饰的镂空处净距不得大于0.11 m。

2.4.5 平面空间组合设计

（1）教学楼的组合形式主要有以下几种：走廊式（内廊式、外廊式、内外廊结合式)、天井式、大厅式和单元式等，其中以走廊式应用最多。

（2）合理的功能分区。

1）教学楼中，教室、实验室是主要使用房间，办公室、管理室和厕所等则属于次要房间。平面组合中，一般将主要使用房间布置在朝向较好的位置，靠近主要出入口，并有良好的采光通风条件，次要房间可布置在条件较差的位置。

2）教学楼中的普通教室和音乐教室同属教室，它们之间联系密切，但考虑到声音的干扰，必须适当隔开，可将音乐教室设在教学楼的尽端，或设在教学楼尽端的底层或顶层，也可在教学楼外单独设置。

3）教室与办公室之间要求联系方便，但为了避免学生影响老师的办公，需要适当隔开。

（3）设备管线。教学楼中的厕所、盥洗间，在满足使用要求的同时，应尽量将设备管线集中布置，上下对齐。实验室宜做成一个单元，放在教学楼的端部，管线集中，管理方便。

（4）阶梯教室。教学楼中的阶梯教室，可以附建于主体建筑旁；也可将阶梯教室布置在顶层或一、二层。

2.4.6 体形、立面及细部设计

成组布置的教室，明快的窗户，开敞的出入口及明亮、暖色调的色彩，给人以活泼、向上、亲切和愉快的感觉。

（1）外墙面的线条处理。

1）水平线条：利用檐口、窗台线、水平遮阳板等构成水平线条，给人以舒展与连续的感觉。

2）垂直线条：利用垂直壁柱等构成垂直线条，给人以挺拔、向上的感觉。

3）网格线条：将立面利用水平线条与垂直线条均匀地划分成网格，给人以生动、活泼的感觉。

（2）细部设计。

1）主要出入口应重点处理，如挑出的雨篷、花台、栏杆等，再加上丰富多变的材料、色彩等，达到突出重点的效果。

2）其他：如门窗、遮阳及装饰线条等，在比例尺度、形式和色彩上仔细推敲，力求达到简洁、整齐划一的效果。

2.5 辅助使用房间

（1）卫生间：教学楼每层应设厕所，当学校运动场中心距教学楼内最近厕所超过 90 m 时，可设外厕所，其面积宜按学生总人数的百分之十五进行计算。教学楼的厕所的位置，应便于使用和不影响环境卫生。在厕所入口处宜设前室或设遮蔽措施。厕所内均应设水池地漏，教学楼内厕所的洗手盆应按每 100 人设一个洗手盆计算。

（2）教师办公室、休息室：教师办公室的布局应有利于课程和教学活动的准备，教学楼中宜每层或隔层设置教师休息室，教师休息室和办公室宜设洗手盆、挂衣钩、电源插座等。

3 结构计算

3.1 工程简介

建筑地点：铁岭市。

建筑类型：教学楼，框架结构。

建筑介绍：建筑面积为5475 m^2，采用现浇钢筋混凝土框架结构，楼板厚度取100 mm，填充墙采用蒸压粉煤灰加气混凝土砌块。

门窗使用：木门，窗为塑钢门窗。

3.2 课题条件要求

根据本课题的要求，合理布置场地，营造环境优美的氛围，布局合理，通风明亮，实用性强，立面设计新颖，有民族风格，个性，现代化。

建筑场地的主导风向由所在地气象资料获得。

3.3 设计的基本内容

结构计算书包括结构布置、设计依据及步骤、主要计算的过程及计算结果、计算简图，主要内容如下：

(1) 地震作用计算；

(2) 框架内力分析，配筋计算（取一榀）；

(3) 基础设计及计算；

(4) 板、楼梯的设计计算。

3.4 设计资料

(1) 气象条件：

基本风压，0.45 kN/m^2；

基本雪压，0.45 kN/m^2。

(2) 抗震设防：抗震设防烈度为7度（0.1 g）；Ⅱ类场地设计。属于丙类建筑，重要性系数取 $\gamma_0=1.0$。

(3) 地基土承载力：地基土承载力为 f_k = 195 kPa。

(4) 其他条件：室内外高差600 mm。建筑图见本书附录。

3.5 结构类型

图 3-1 是标准层柱网平面布置。主体结构共 4 层，层高均为 4.2 m。填充墙采用 240 mm 厚蒸压粉煤灰加气混凝土砌块。门为木门，门洞尺寸为 900 mm×2100 mm。窗为塑钢窗，洞口尺寸为 4200 mm×2400 mm。楼盖及屋盖均采用现浇钢筋混凝土结构。

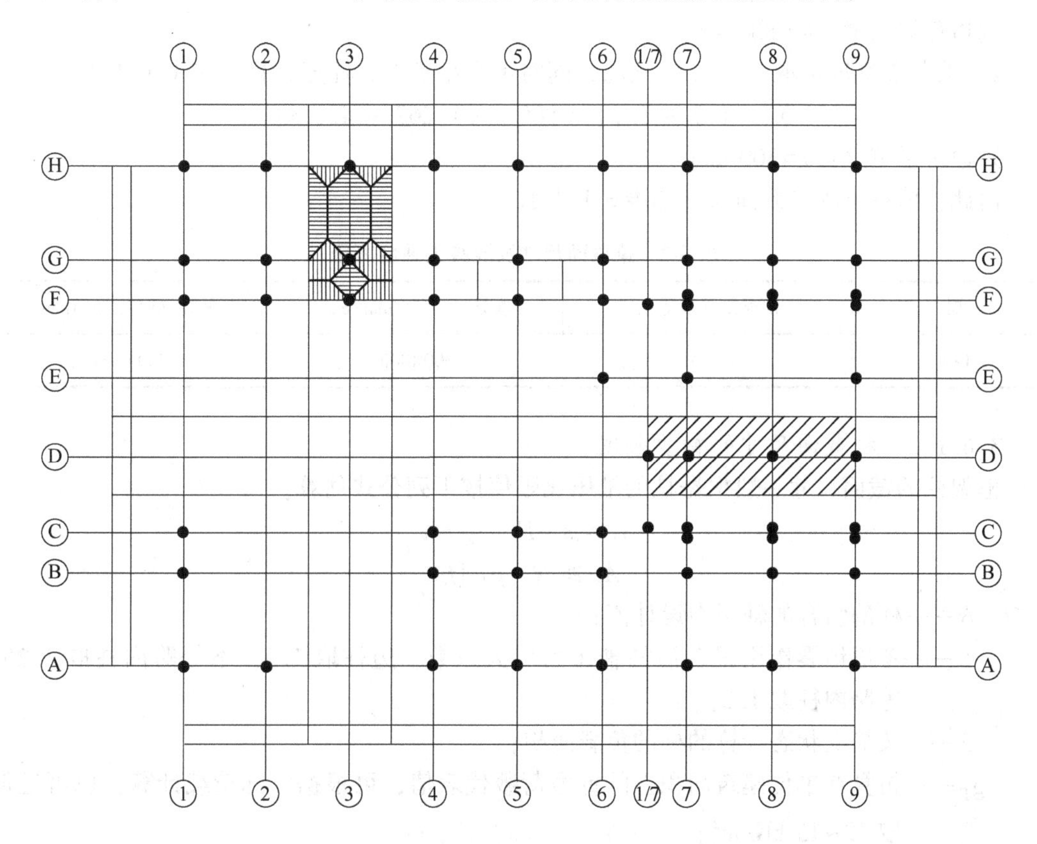

图 3-1　柱网布置及一榀框架图

3.6 框架结构的一般设计与计算

3.6.1 梁柱截面、梁跨度及柱高确定

梁柱的混凝土设计强度：C30(f_c = 14.3 N/mm^2，f_t = 1.43 N/mm^2)。

3.6.1.1　梁截面尺寸的初步确定

(1) 纵梁。

1) 截面的高度（为满足构件承载力、刚度及延性要求）：

$$h = (1/12 \sim 1/8) \times 6000\ \text{mm} = 500 \sim 750\ \text{mm}$$

则边跨梁高度：h = 700 mm

2）梁截面宽度 b 可取 1/3～1/2 梁高，同时不宜小于 1/2 柱宽，且不应小于 250 mm。

$$b=(1/3\sim1/2)\times600\text{ mm}=200\sim300\text{ mm}$$

则边跨梁宽度：$b=300$ mm

（2）横梁。

1）截面的高度（为满足构件承载力、刚度及延性要求）：

$$h=(1/12\sim1/8)\times7200\text{ mm}=600\sim900\text{ mm}$$

则边跨梁高度：$h=800$ mm

2）梁截面宽度可取 1/3～1/2 梁高，同时不宜小于 1/2 柱宽，且不应小于 250 mm。

$$b=(1/3\sim1/2)\times800\text{ mm}=267\sim400\text{ mm}$$

则边跨梁宽度：$b=300$ mm

由此，估算出的梁截面尺寸如表 3-1 所示。

表 3-1 梁截面尺寸及混凝土强度等级

层	混凝土强度等级	横梁（$b\times h$）/mm×mm	纵梁（$b\times h$）/mm×mm
1～4	C30	300×800	300×800

3.6.1.2 柱截面尺寸的初步确定

框架柱的截面尺寸一般根据柱的轴压比限值按下列公式估算：

$$N=\beta\cdot F\cdot g_E\cdot n$$

$$A_c\geqslant N/[\mu_N]f_c$$

式中 N——柱的组合的轴压力设计值；

β——考虑地震作用组合后柱轴压力增大系数，边柱取 1.3，不等跨内柱取 1.25，等跨内柱取 1.2；

F——按简支状态计算的柱的负载面积；

g_E——折算在单位建筑面积上的重力荷载代表值，可根据实际荷载计算，也可近似取 12～15 kN/m^2；

n——验算截面以上楼层层数；

A_c——柱截面面积；

$[\mu_N]$——框架柱轴压比限值，此处可近似取，即抗震等级分别为一级、二级和三级时，$[\mu_N]$ 分别取 0.7，0.8 和 0.9；

f_c——混凝土轴心抗压强度设计值。

在本节中，$g_E=14$ kN/m^2，$n=4$，$[\mu_N]=0.9$，$\beta_{边}=1.3$，$\beta_{中}=1.25$。

C30 混凝土：$f_c=14.3$ kN/m^2，$f_t=1.43$ kN/m^2

边柱：$A_c\geqslant\beta Fg_En/[\mu_N]f_c=1.3\times3.6\times6.6\times14\times10^3\times4/(0.9\times14.3)\text{ mm}^2$
$=134400\text{ mm}^2$

中柱：$A_c\geqslant\beta Fg_En/[\mu_N]f_c$
$=1.25\times(0.5\times7.2+0.5\times3)\times6.6\times14\times10^3\times4/(0.9\times14.3)\text{ mm}^2$
$=183076.92\text{ mm}^2$

按上述方法确定的柱截面高度 h_c 不宜小于400 mm，宽度不宜小于350 mm，柱净高与截面边长尺寸之比宜大于4。将柱截面取为正方形，则边柱和中柱截面高度分别是367 mm和428 mm。为方便计算，取柱截面尺寸为：500 mm×500 mm。

3.6.1.3　板的截面尺寸初步估计

根据实际情况和设计要求，板厚取 $h=100$ mm。

3.6.1.4　柱的高度

底层：4.2 m+0.6 m+0.5 m=5.3 m。注：底层层高为4.2 m，室内外高差0.6 m，基础顶部至室外地面0.5 m。

其他各层为4.2 m。

因而得到 $h_1=5.3$ m；$h_2=4.2$ m，横向框架计算简图及柱编号如图3-2所示。

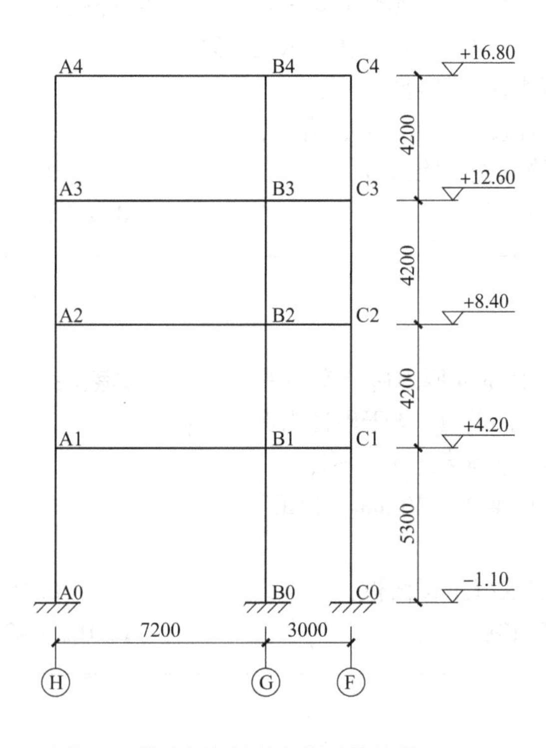

图3-2　横向框架计算简图及柱编号（mm）

3.6.2　荷载计算

3.6.2.1　恒荷载标准值计算

（1）屋面。

保护层：25 mm厚干硬性水泥砂浆，面上撒素水泥，上铺8~10 mm厚地砖，铺平拍实，缝宽5~8 mm，1∶1水泥填缝。

垫层：C20细石混凝土，内配 ϕ4@150×150钢筋网片。

隔离层：干铺无纺聚酯纤维布一层。

防水层：高聚物改性沥青防水卷材。

保温层：挤塑聚苯乙烯泡沫塑料板。
隔离层：干铺无纺聚酯纤维布一层。
找平层：1∶3 水泥砂浆。
找坡层：1∶8 水泥膨胀珍珠岩，找 2%坡。
2. 413 kN/m^2 + W = 2. 413 kN/m^2 + 0. 05 × 32 kg/m^3 × 9. 8 N/kg/1000 = 2. 43 kN/m^2
100 mm 厚现浇钢筋混凝土屋面板：　0. 1 × 25 kN/m^3 = 2. 5 kN/m^2
12 mm 厚水泥砂浆顶棚：　0. 012 m × 20 kN/m^3 = 0. 24 kN/m^2

合计：5. 17 kN/m^2

（2）标准层楼面。
陶瓷地砖楼面：8~10 mm 厚地砖铺实拍平，水泥砂浆擦缝；
20 mm 厚 1∶4 干硬性水泥砂浆；
素水泥浆结合层一遍；
总厚度 28~30 mm，自重：　0. 7 kN/m^2
100 mm 厚现浇钢筋混凝土楼面板：　0. 1×25 kN/m^3 = 2. 5 kN/m^2
12 mm 厚水泥砂浆顶棚：　0. 012 m×20 kN/m^3 = 0. 24 kN/m^2

合计：3. 44 kN/m^2

（3）卫生间。
陶瓷地砖楼面：8~10 mm 厚地砖铺实拍平，水泥砂浆擦缝；
20 mm 厚 1∶4 干硬性水泥砂浆；
素水泥浆结合层一遍；
总厚度 28~30 mm，自重：　0. 7 kN/m^2
防水层：　0. 4 kN/m^2
100 mm 厚现浇钢筋混凝土楼面板：　0. 1×25 kN/m^3 = 2. 5 kN/m^2
12 mm 厚水泥砂浆顶棚：　0. 012 m×20 kN/m^3 = 0. 24 kN/m^2

合计：3. 84 kN/m^2

（4）梁自重。
梁尺寸：　b×h = 300 mm×800 mm
梁自重：　25 kN/m^3×0. 3×(0. 8−0. 1) = 5. 25 kN/m
20 mm 厚水泥砂浆抹灰层：　0. 02×20×[0. 3+(0. 8−0. 1)×2] kN/m = 0. 68 kN/m

---

合计：5. 93 kN/m

梁尺寸：　b×h = 300 mm×500 mm
梁自重：　25 kN/m^3×0. 3×(0. 5−0. 1) = 3. 00 kN/m
20 mm 厚水泥砂浆抹灰层：　0. 02×20×[0. 3+(0. 5−0. 1)×2] kN/m = 0. 44 kN/m

---

合计：3. 44 kN/m

（5）柱自重。

柱尺寸： $b \times h = 500\ \text{mm} \times 500\ \text{mm}$

柱自重： $25\ \text{kN/m}^3 \times 0.5 \times 0.5 = 6.25\ \text{kN/m}$

20 mm 厚水泥砂浆抹灰层： $0.02 \times 20 \times (0.5 \times 4)\ \text{kN/m} = 0.8\ \text{kN/m}$

合计：7.05 kN/m

（6）外纵墙自重。

标准层：

纵墙（外纵墙窗台下部墙重+外纵墙窗间墙重）：

$$0.9\ \text{m} \times 0.24\ \text{m} \times (6.6\ \text{m} - 0.5\ \text{m}) \times 7\ \text{kN/m}^3 + (6.6\ \text{m} - 0.5\ \text{m} - 4.2\ \text{m}) \times 0.24\ \text{m} \times (4.2\ \text{m} - 0.9\ \text{m} - 0.8\ \text{m}) \times 7\ \text{kN/m}^3 = 13.52\ \text{kN}$$

塑钢窗： $0.40\ \text{kN/m}^2 \times 4.2\ \text{m} \times 2.5\ \text{m} = 4.2\ \text{kN}$

面砖外墙面（外墙装修间层重）：

$(17.8\ \text{kN/m}^3 \times 0.008\ \text{m} + 20\ \text{kN/m}^3 \times 0.02\ \text{m}) \times (0.9\ \text{m} \times 6.1\ \text{m} + 1.9\ \text{m} \times 2.5\ \text{m}) = 5.55\ \text{kN}$

水泥砂浆内墙面： $20\ \text{kN/m}^3 \times 0.02\ \text{m} \times (0.9\ \text{m} \times 6.1\ \text{m} + 1.9\ \text{m} \times 2.5\ \text{m}) = 4.10\ \text{kN}$

保温层：

$$140\ \text{kg/m}^3 \times 9.8 \times 10^{-3}\ \text{kN/kg} \times 0.06\ \text{m} \times (0.9\ \text{m} \times 6.1\ \text{m} + 1.9\ \text{m} \times 2.5\ \text{m}) = 0.84\ \text{kN}$$

合计：28.21 kN

（7）内墙自重。

标准层：

内墙： $(4.2\ \text{m} - 0.8\ \text{m}) \times 0.24\ \text{m} \times 7\ \text{kN/m}^3 = 5.71\ \text{kN/m}$

水泥砂浆墙面： $2 \times (4.2\ \text{m} - 0.8\ \text{m}) \times 0.02\ \text{m} \times 20\ \text{kN/m}^3 = 2.72\ \text{kN/m}$

合计：8.43 kN/m

3.6.2.2 活荷载标准值

（1）屋面和楼面活荷载标准值。根据《建筑结构荷载规范》（GB 50009—2012），查得如下：

类型	不上人屋面	教室	走廊、门厅	卫生间	阅览室	会议室、办公室楼面
活荷载标准值/$\text{kN} \cdot \text{m}^{-2}$	0.5	2.5	2.5	2.5	2.0	2.0

（2）雪荷载。根据《建筑结构荷载规范》（GB 50009—2012）第 7.1.1 条，得屋面水平投影面上的雪荷载标准值：

$$s_k = \mu_r s_0 = 1.0 \times 0.45\ \text{kN/m}^2 = 0.45\ \text{kN/m}^2$$

3.6.2.3 竖向荷载作用下框架荷载计算

（1）Ⓗ—Ⓖ轴间框架梁。板传至梁上的三角形或梯形荷载，需近似等效为均布荷载。荷载的传递如图 3-3 所示。

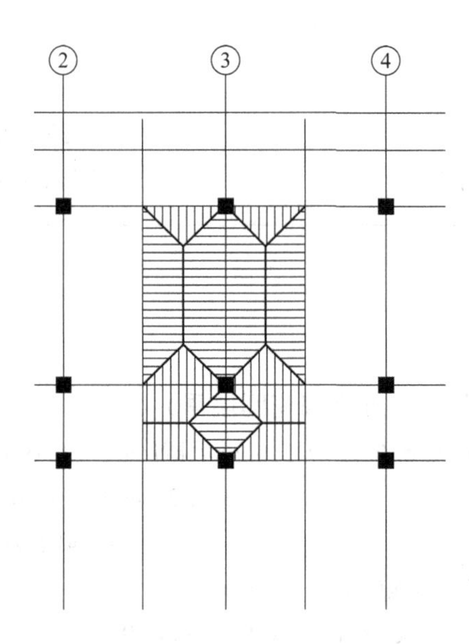

图 3-3 框架计算单元及板荷载传递

1）屋面板传荷载：

恒荷载：$5.17\ \text{kN/m}^2\times(1-2\times0.252^2+0.252^3)\times\frac{3.3}{2}\times2\ \text{m}=15.17\ \text{kN/m}$

活荷载：$0.5\ \text{kN/m}^2\times(1-2\times0.252^2+0.252^3)\times\frac{3.3}{2}\times2\ \text{m}=1.47\ \text{kN/m}$

2）楼面板传荷载：

恒荷载：$3.44\ \text{kN/m}^2\times(1-2\times0.252^2+0.252^3)\times\frac{3.3}{2}\times2\ \text{m}=10.09\ \text{kN/m}$

活荷载：$2.5\ \text{kN/m}^2\times(1-2\times0.252^2+0.252^3)\times\frac{3.3}{2}\times2\ \text{m}=7.33\ \text{kN/m}$

（2）Ⓗ—Ⓖ轴间框架梁均布荷载。

1）屋面梁：

恒荷载＝梁自重＋屋面板恒荷载＝5.93 kN/m＋15.17 kN/m＝21.10 kN/m

活荷载＝屋面板传活荷载＝1.47 kN/m

2）楼面梁：

恒荷载＝梁自重＋楼面板恒荷载＋内墙自重＝5.93 kN/m＋10.09 kN/m＋7.21 kN/m
＝23.23 kN/m

活荷载＝楼面板传活荷载＝7.33 kN/m

（3）Ⓕ—Ⓔ轴间框架梁。

1）屋面板传荷载：

恒荷载：$5.17\ \text{kN/m}^2\times\frac{5}{8}\times\frac{1}{2}\times(3-0.3)\times2\ \text{m}=8.72\ \text{kN/m}$

活荷载：$0.5\ \text{kN/m}^2\times\frac{5}{8}\times\frac{1}{2}\times(3-0.3)\times2\ \text{m}=0.84\ \text{kN/m}$

2）楼面板传荷载：

恒荷载：$3.44\ kN/m^2\times\frac{5}{8}\times\frac{1}{2}\times(3-0.3)\times2\ m=5.81\ kN/m$

活荷载：$2.5\ kN/m^2\times\frac{5}{8}\times\frac{1}{2}\times(3-0.3)\times2\ m=4.22\ kN/m$

（4）Ⓗ—Ⓖ轴间框架梁均布荷载。

1）屋面梁：

恒荷载=梁自重+屋面板恒荷载=5.93 kN/m+8.72 kN/m=14.65 kN/m

活荷载=屋面板传活荷载=0.84 kN/m

2）楼面梁：

恒荷载=梁自重+楼面板恒荷载=5.93 kN/m+5.81 kN/m=11.74 kN/m

活荷载=楼面板传活荷载=4.22 kN/m

（5）Ⓗ轴柱纵向集中荷载的计算。

女儿墙做法为：1500 mm 蒸压粉煤灰加气混凝土砌块女儿墙，100 mm 的混凝土压顶。

女儿墙自重$=5.5\ kN/m^3\times1.5\ m\times0.24\ m+25\ kN/m^3\times0.1\ m\times0.2\ m+(1.6\times2+0.28)\ m\times0.02\ m\times20\ kN/m^3=3.54\ kN/m$

1）顶层柱：

恒荷载=女儿墙自重+梁自重+屋面板传恒荷载（女儿墙自重+外纵梁自重+次梁自重+屋面板传三角形荷载+屋面板传梯形荷载）

$=3.54\ kN/m\times6.6\ m+5.93\ kN/m\times(6.6\ m-0.5\ m)+2.61\ kN/m\times7.2\ m\times\frac{1}{4}\times2+5.17\ kN/m^2\times\frac{5}{8}\times1.65\ m\times3.3\ m\times2+5.17\ kN/m^2\times(1-2\times0.252^2+0.252^3)\times1.65\ m\times(7.2\ m+0.25\ m)\times\frac{1}{2}\times2=160.62\ kN$

活荷载=屋面板传活荷载（屋面板传三角形荷载和梯形荷载）

$=0.5\ kN/m^2\times\frac{5}{8}\times1.65\ m\times3.3\ m\times2+0.5\ kN/m^2\times(1-2\times0.252^2+0.252^3)\times1.65\ m\times(7.2\ m+0.25\ m)\times\frac{1}{2}\times2=8.87\ kN$

2）标准层柱：

恒荷载=墙自重+梁自重+楼面板传恒荷载（外纵墙自重+外纵梁自重+次梁自重+楼面板传三角形荷载和梯形荷载）

$=8.43\ kN/m\times7.2\ m\times\frac{1}{4}+28.21\ kN+5.93\ kN/m\times(6.6\ m-0.5\ m)+2.6\ 1\ kN/m\times7.2\ m\times\frac{1}{4}\times2+3.44\ kN/m^2\times\frac{5}{8}\times1.65\ m\times3.3\ m\times2+3.44\ kN/m^2\times(1-2\times0.252^2+0.252^3)\times1.65\ m\times(7.2\ m+0.25\ m)\times\frac{1}{2}\times2=149.96\ kN$

活荷载=楼面板传活荷载（楼面板传三角形荷载和梯形荷载）

$=2.5\ kN/m^2\times5/8\times1.65\ m\times3.3\ m\times2+2.5\ kN/m^2\times(1-2\times0.252^2+0.252^3)\times1.65\ m\times(7.2\ m+0.25\ m)\times\frac{1}{2}\times2=44.34\ kN$

（6）Ⓖ轴柱纵向集中荷载的计算。

1）顶层柱：

恒荷载=梁自重+屋面板传恒荷载（纵梁自重+次梁自重+屋面板传三角形荷载和梯形荷载+走道板传梯形荷载）

$=5.93\ kN/m\times(6.6\ m-0.5\ m)+2.61\ kN/m\times7.2\ m\times\frac{1}{4}\times2+5.17\ kN/m^2\times\frac{5}{8}\times1.65\ m\times3.3\ m\times2+5.17\ kN/m^2\times(1-2\times0.252^2+0.252^3)\times1.65\ m\times(7.2\ m+0.25\ m)\times\frac{1}{2}\times2+5.17\ kN/m^2\times(1-2\times0.186^2+0.186^3)\times(3\ m-0.25\ m)/2\times6.6\ m=181.23\ kN$

活荷载=屋面板传活荷载（屋面板传三角形荷载和梯形荷载+走道板传梯形荷载）

$=0.5\ kN/m^2\times\frac{5}{8}\times1.65\ m\times3.3\ m\times2+0.5\ kN/m^2\times(1-2\times0.252^2+0.252^3)\times1.65\ m\times(7.2\ m+0.25\ m)\times\frac{1}{2}\times2+0.5\ kN/m^2\times(1-2\times0.186^2+0.186^3)\times(3\ m-0.25\ m)/2\times6.6\ m=13.12\ kN$

2）标准层柱：

恒荷载=墙自重+梁自重+楼面板传恒荷载（隔墙自重+外纵墙自重+外纵梁自重+次梁自重+楼面板传三角形荷载和梯形荷载+走道板传梯形荷载）

$=8.43\ kN/m\times7.2\ m\times1/4+8.43\ kN/m\times(6.6\ m-0.5\ m)+5.93\ kN/m\times(6.6\ m-0.5\ m)+2.61\ kN/m\times7.2\ m\times1/4\times2+3.44\ kN/m^2\times\frac{5}{8}\times1.65\ m\times3.3\ m\times2+3.44\ kN/m^2\times(1-2\times0.252^2+0.252^3)\times1.65\ m\times(7.2\ m+0.25\ m)\times\frac{1}{2}\times2+3.44\ kN/m^2\times(1-2\times0.186^2+0.186^3)\times(3\ m-0.25\ m)/2\times6.6\ m=202.43\ kN$

活荷载=屋面板传活荷载（屋面板传三角形荷载和梯形荷载+走道板传梯形荷载）

$=2.5\ kN/m^2\times\frac{5}{8}\times1.65\ m\times3.3\ m\times2+2.5\ kN/m^2\times(1-2\times0.252^2+0.252^3)\times1.65\ m\times(7.2\ m+0.25\ m)\times\frac{1}{2}\times2+2.5\ kN/m^2\times(1-2\times0.186^2+0.186^3)\times(3\ m-0.25\ m)/2\times6.6\ m=65.60\ kN$

（7）Ⓕ轴柱纵向集中荷载的计算。

1）顶层柱：

恒荷载=女儿墙自重+梁自重+走道板传恒荷载（女儿墙自重+外纵梁自重+次梁自重+走道板传三角形荷载+走道板传梯形荷载）

$=3.54\ kN/m\times6.6\ m+5.93\ kN/m\times(6.6\ m-0.5\ m)+5.17\ kN/m^2\times\frac{5}{8}\times1.65\ m\times3.3\ m\times2+5.17\ kN/m^2\times(1-2\times0.186^2+0.186^3)\times1.65\ m\times$

$(3\ m+0.25\ m)\times\frac{1}{2}\times 2=120.71\ kN$

活荷载=走道板传活荷载（走道板传三角形荷载和梯形荷载）

$=0.5\ kN/m^2\times\frac{5}{8}\times 1.65\ m\times 3.3\ m\times 2+$

$0.5\ kN/m^2\times(1-2\times 0.186^2+0.186^3)\times$

$1.65\ m\times(3\ m+0.25\ m)\times\frac{1}{2}\times 2$

$=5.92\ kN$

2）标准层柱：

恒荷载=梁自重+走道板传恒荷载（外纵梁自重+次梁自重+走道板传三角形荷载和梯形荷载）

$=5.93\ kN/m\times(6.6\ m-0.5\ m)+3.44\ kN/m^2\times\frac{5}{8}\times 1.65\ m\times 3.3\ m\times 2+$

$3.44\ kN/m^2\times(1-2\times 0.186^2+0.186^3)\times 1.65\ m\times(3\ m+0.25\ m)\times$

$\frac{1}{2}\times 2=76.88\ kN$

活荷载=走道板传活荷载（走道板传三角形荷载和梯形荷载）

$=2.5\ kN/m^2\times\frac{5}{8}\times 1.65\ m\times 3.3\ m\times 2+2.5\ kN/m^2\times(1-2\times 0.186^2+0.186^3)\times$

$1.65\ m\times(3\ m+0.25\ m)\times\frac{1}{2}\times 2=29.58\ kN$

框架在竖向荷载作用下的受荷总图如图3-4所示，图中数值均值为标准值。

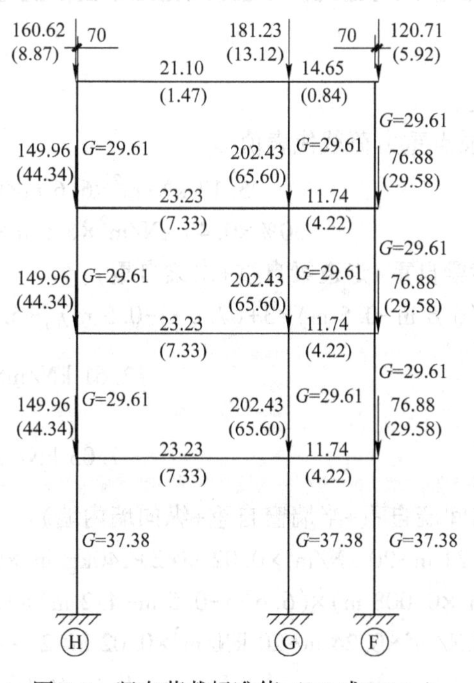

图3-4 竖向荷载标准值（kN或kN/m）

3.6.2.4 风荷载的计算

根据规范《建筑结构荷载规范》(GB 50009—2012)，作用在屋面梁和楼面节点处的集中风荷载标准值计算公式如下：

$$\omega_k = \beta_z \mu_s \mu_z \omega_0 (h_i + h_j) B/2$$

式中 ω_k——风荷载标准值，kN/m^2；

β_z——高度 z 处的风振系数，$\beta_z = 1.0$；

μ_s——风荷载体型系数，根据规范《建筑结构荷载规范》(GB 50009—2012) 表 8.3.1 条第 31 项次知，教学楼的体型系数 $\mu_s = 0.8 - (-0.5) = 1.3$；

μ_z——风压高度变化系数，教学楼地面粗糙类别为 C 类；

ω_0——基本风压，kN/m^2，河北省保定市的基本风压为 $0.45\ kN/m^2$；

h_i——下层柱高；

h_j——上层柱高，顶层柱高为女儿墙高度的 2 倍；

B——迎风面的宽度，该教学楼迎风面宽度为 6.6 m。

本教学楼建筑物高度为 17.90 m，集中风荷载标准值计算过程如表 3-2 所示。

表 3-2 集中风荷载标准值计算

离地高度 z/m	β_z	μ_s	μ_z	$\omega_0/kN\cdot m^{-2}$	h_i/m	h_j/m	ω_k/kN
17.90	1.00	0.69	1.3	0.45	4.2	3	9.73
13.90	1.00	0.65	1.3	0.45	4.2	4.2	10.54
9.50	1.00	0.65	1.3	0.45	4.2	4.2	10.54
5.30	1.00	0.65	1.3	0.45	5.3	4.2	11.92

3.6.2.5 地震作用

(1) 重力荷载代表值。

1) 集中到顶层处的质点重力荷载代表值 G_4。

屋面荷载：$5.17\ kN/m^2 \times 6.6\ m \times (7.2\ m + 3\ m) = 348.04\ kN$

50%雪荷载：$50\% \times 0.45\ kN/m^2 \times 6.6\ m \times (7.2\ m + 3\ m) = 15.15\ kN$

梁自重（外纵梁和横梁自重+走道梁自重+次梁自重）：

$$5.93\ kN/m \times [(6.6\ m - 0.5\ m) \times 3 + (7.2\ m - 0.5\ m)] + 5.93\ kN/m \times (3\ m - 0.5\ m) + 2.61\ kN/m \times 7.2\ m \times 2 \times \frac{1}{2} = 181.87\ kN$$

半层柱自重：$7.05\ kN/m \times 4.2\ m \times \frac{1}{2} \times 3 = 44.42\ kN$

半层墙自重（半墙窗间墙自重+半墙窗自重+纵向墙内墙）：

$$(7.0\ kN/m^3 \times 0.24\ m + 20\ kN/m^3 \times 0.02\ m \times 2 + 140 kg/m^3 \times 9.8 \times 10^{-3}\ kN/kg \times 0.06\ m + 17.8\ kN/m^3 \times 0.008\ m) \times (6.6\ m - 0.5\ m - 4.2\ m) \times 1.3\ m + 0.4\ kN/m^2 \times 4.2\ m \times 1.3\ m + (7.0\ kN/m^3 \times 0.24\ m + 20\ kN/m^3 \times 0.02\ m \times 2) \times [1.3\ m \times (7.2\ m - 0.5\ m) + 1.3\ m \times (6.6\ m - 0.5\ m)] = 50.13\ kN$$

女儿墙自重：　　3.54 kN/m×6.6 m×2=46.73 kN

合计：686.34 kN

2）集中到二、三层处的质点重力荷载代表值 G_2、G_3。

楼面荷载：　　$3.44\ kN/m^2 \times 6.6\ m \times (7.2\ m+3\ m) = 231.58\ kN$

50%活荷载：　　$50\% \times 2.5\ kN/m^2 \times 6.6\ m \times (7.2\ m+3\ m) = 84.15\ kN$

梁自重：　　181.87 kN

上下各半层柱自重：　　7.05 kN/m×4.2 m×3=88.83 kN

上下各半层墙自重（外墙自重+纵横向内墙）：

28.21 kN+8.43 kN/m×［(7.2 m−0.5 m)+(6.6 m−0.5 m)］=136.11 kN

合计：722.54 kN

3）集中到底层处的质点重力荷载代表值 G_1。

楼面荷载：　　231.58 kN

50%活荷载：　　84.15 kN

梁自重：　　181.87 kN

上下各半层柱自重：　　7.05 kN/m×(4.2 m/2+5.3 m/2)×3=100.46 kN

上下各半层墙自重（外墙自重+纵横向内墙）：

$(7.0\ kN/m^3 \times 0.24\ m+20\ kN/m^3 \times 0.02\ m \times 2+140 kg/m^3 \times 9.8 \times 10^{-3}\ kN/kg \times 0.06\ m+ 17.8\ kN/m^3 \times 0.008\ m) \times \{(6.6\ m-0.5\ m-4.2\ m) \times [(4.2\ m/2-0.9\ m)+(5.3\ m/2-0.8\ m)]+(6.6\ m-0.5\ m) \times 0.9\ m\}+0.4\ kN/m^2 \times [(4.2\ m/2-0.9\ m)+(5.3\ m/2-0.8\ m)] \times 4.2\ m+(7.0\ kN/m^3 \times 0.24\ m+20\ kN/m^3 \times 0.02\ m \times 2) \times [(4.2\ m+5.3\ m)/2 \times (7.2\ m-0.5\ m)+(4.2\ m+5.3\ m)/2 \times (6.6\ m-0.5\ m)]=149.53\ kN$

合计：747.59 kN

（2）计算方法。

根据《建筑抗震设计规范（2016年版）》(GB 50011—2010）第5.1.2条，建筑物高度不超过40 m、以剪切变形为主且质量和刚度沿高度分布比较均匀的结构，可以采用底部剪力法计算地震作用。因此，本教学楼的水平地震作用力计算采用底部剪力法。

（3）自振周期的计算（采用能量法计算自振周期）。

1）框架梁柱的抗侧移刚度计算过程如表3-3~表3-6所示。

表3-3　横梁线刚度表

部位	截面 $b \times h$ /m×m	跨度 L /m	矩形截面惯性矩 I/m^4	边框梁		中框梁	
				$I_b=1.5I$ /m^4	$i_b=\frac{E_c I_b}{l}$ /kN·m	$I_b=2I$ /m^4	$i_b=\frac{E_c I_b}{l}$ /kN·m
走道梁	0.3×0.8	3	12.8×10^{-3}	19.2×10^{-3}	192×10^3	25.6×10^{-3}	256×10^3
楼层梁		7.2			80×10^3		106.66×10^3

表 3-4　柱线刚度表

楼层	层高 h/m	截面 $b\times h$/m×m	矩形截面惯性矩 I/m^4	$I_c=I$/m^4	$i_c=\frac{E_cI_b}{h}$/kN·m
底层	5.3	0.5×0.5	5.21×10^{-3}	5.21×10^{-3}	29.49×10^3
2~4层	4.2				37.21×10^3

注：混凝土 C30 的 $E_c=3\times10^7$ kN/m^2。

表 3-5　2~4 层框架柱横向侧移刚度 D 值的计算

构件名称	$\bar{i}=\frac{\sum i_b}{2i_c}$	$\alpha_c=\frac{\bar{i}}{2+\bar{i}}$	$D=\alpha_c i_c\frac{12}{h^2}$/kN·m
Ⓗ轴	2.87	0.59	14934.63
Ⓖ轴	9.75	0.83	21009.73
Ⓕ轴	6.88	0.77	19490.95

表 3-6　底层框架柱横向侧移刚度 D 值的计算

构件名称	$\bar{i}=\frac{\sum i_b}{i_c}$	$\alpha_c=\frac{0.5+\bar{i}}{2+\bar{i}}$	$D=\alpha_c i_c\frac{12}{h^2}$/kN·m
Ⓗ轴	3.62	0.73	9196.60
Ⓖ轴	12.30	0.90	11338.27
Ⓕ轴	8.68	0.86	10834.35

2）计算楼层假象位移如表 3-7 所示。假定各质点重力荷载代表值水平作用在相应质点上，各质点高度：$H_1=5.3$ m，$H_2=9.5$ m，$H_3=13.7$ m，$H_4=17.9$ m。

表 3-7　楼层假象位移计算

层数	G_i/kN	V_i/kN	$\sum D_i$/kN·m^{-1}	δ_i/m	Δi/m
4	686.34	686.34	55435.31	0.012	0.167
3	722.54	1408.88	55435.31	0.025	0.155
2	722.54	2131.42	55435.31	0.038	0.130
1	747.59	2879.01	31369.22	0.092	0.092

3）基本自振周期。

$$T_1=2\varphi_T\sqrt{\frac{\sum_{i=1}^{n}G_i\Delta i^2}{\sum_{i=1}^{n}G_i\Delta i}}$$

式中　φ_T——基本周期的缩短系数，即考虑非承重墙（填充墙）影响的折减系数，框架结构取 0.6~0.7。

$$T_1 = 2 \times 0.6 \times \sqrt{\frac{686.34 \times 0.167^2 + 722.54 \times 0.155^2 + 722.54 \times 0.13^2 + 747.59 \times 0.092^2}{686.34 \times 0.167 + 722.54 \times 0.155 + 722.54 \times 0.13 + 747.59 \times 0.092}}\ \text{s} = 0.45\ \text{s}$$

（4）水平地震作用标准值计算。

查《建筑抗震设计规范（2016 年版）》(GB 50011—2010）第 5.1.4 条，得到场地特征周期为 $T_g = 0.35$ s，水平地震影响系数最大值为 $\alpha_{max} = 0.08$，则相应于结构基本自振周期的水平地震影响系数为：

$$\alpha_1 = \left(\frac{T_g}{T_1}\right)^{0.9} \alpha_{max} = \left(\frac{0.35}{0.45}\right)^{0.9} \times 0.08 = 0.064$$

$$T_1 = 0.45\ \text{s} < 1.4T_g = 1.4 \times 0.35\ \text{s} = 0.49\ \text{s}$$

故不需要考虑附加地震作用。

$$G_{eq} = 0.85\sum_{i=1}^{4} G_i = 0.85 \times 2879.01\ \text{kN} = 2447.16\ \text{kN}$$

$$F_{EK} = \alpha_1 G_{eq} = 0.064 \times 2447.16\ \text{kN} = 156.62\ \text{kN}$$

$F_i = \dfrac{G_iH_i}{\sum G_iH_i}$，计算结果如表 3-8 所示。

表 3-8　水平地震（左向）作用下框架侧移计算

层数	层高 h_i /m	H_i /m	G_i /kN	G_iH_i /kN·m	$\frac{G_iH_i}{\sum G_iH_i}$	F_i /kN	V_i /kN	$\sum D$ /kN·m^{-1}	Δu_i /mm	Δu /mm	θ_e
4	4.2	17.9	686.34	12285.486	0.372	58.29	58.29	55435.31	1.05	10.43	1/4000
3	4.2	13.7	722.54	9898.798	0.300	46.97	105.25	55436.31	1.90	9.38	1/2211
2	4.2	9.5	722.54	6864.130	0.208	32.57	137.82	55437.31	2.49	7.48	1/1687
1	5.3	5.3	747.59	3962.227	0.120	18.80	156.62	31369.22	4.99	4.99	1/842

横向框架水平地震作用计算简图及层间地震剪力如图 3-5 所示。

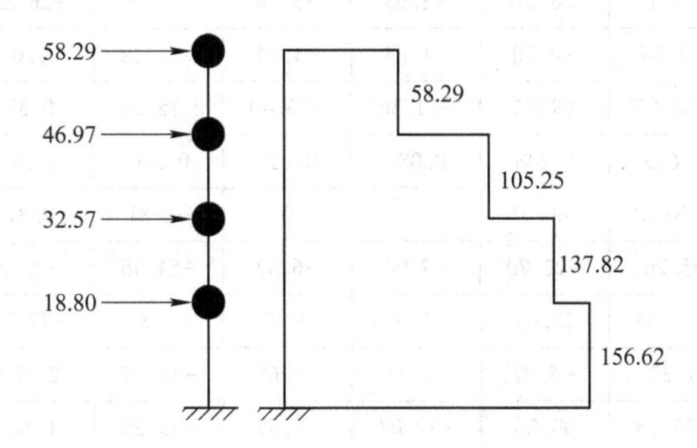

图 3-5　水平地震作用及层间地震力（kN）

（5）抗震变形验算。

由表3-8可知，多遇地震作用标准值产生的最大弹性层间位移与计算楼层层高之比 $\Delta u_i/h$ 均小于1/550，满足房屋抗震变形要求。

3.7 内力计算

3.7.1 竖向荷载标准值作用下的内力计算

3.7.1.1 恒荷载标准值作用下的内力计算

恒定载荷标准值下的弯矩计算如表3-9所示。

表3-9 恒荷载内力计算 (kN·m)

上柱	下柱	右梁	左梁	上柱	下柱	右梁	左梁	下柱	上柱
0	0.259	0.741	0.267	0	0.093	0.640	0.873	0.127	0
	11.24	-91.15	91.15		0	-10.99	10.99	-8.45	
	20.70	59.21	-21.40		-7.45	-51.30	-2.22	-0.32	
	9.21	-10.70	29.61		-3.89	-1.11	-25.65	-0.19	
	0.39	1.11	-6.57		-2.29	-15.75	22.56	3.28	
	30.29	-41.53	92.78		-13.63	-79.15	5.68	2.77	
0.205	0.205	0.590	0.244	0.085	0.085	0.586	0.774	0.113	0.113
	10.50	-100.35	100.35		0	-8.81	8.81	-5.38	
18.42	18.42	53.01	-22.34	-7.78	-7.78	-53.64	-2.65	-0.39	-0.39
10.35	9.21	-11.17	26.51	-1.95	-3.89	-1.33	-26.82	-0.19	-0.16
-1.72	-1.72	-4.95	-4.72	-1.64	-1.64	-11.33	21.03	3.07	3.07
27.05	25.91	-63.46	99.80	-11.37	-13.32	-75.11	0.37	2.49	2.52
0.205	0.205	0.590	0.244	0.085	0.085	0.586	0.774	0.113	0.113
	10.50	-100.35	100.35		0	-8.81	8.81	-5.38	
18.42	18.42	53.01	-22.34	-7.78	-7.78	-53.64	-2.65	-0.39	-0.39
9.21	9.66	-11.17	26.51	-1.95	-3.98	-1.33	-26.82	-0.16	-0.19
-1.58	-1.58	-4.54	-4.70	-1.64	-1.64	-11.28	21.03	3.07	3.07
26.05	26.50	-63.05	99.82	-11.36	-13.40	-75.06	0.37	2.53	2.49
0.215	0.17	0.615	0.248	0.087	0.069	0.596	0.793	0.115	0.092
	10.50	-100.35	100.35		0	-8.81	8.81	-5.38	
19.32	15.27	55.26	-22.70	-7.96	-6.32	-54.56	-2.72	-0.39	-0.32
9.21	0.00	-11.35	27.63	-1.99	0.00	-1.36	-27.28	0.00	-0.19
0.46	0.36	1.32	-6.02	-2.11	-1.68	-14.47	21.79	3.16	2.53
28.99	15.64	-55.13	99.26	-12.07	-7.99	-79.20	0.60	2.76	2.02
7.82				-4.00					1.38

采用弯矩二次分配法计算恒荷载标准值作用下的内力。框架梁固端弯矩及节点弯矩分配系数和分配过程如表 3-9 所示。

恒荷载标准值作用下弯矩图如图 3-6 所示。

考虑梁端塑性内力重分布，对梁端弯矩进行调幅，取弯矩调幅系数 $\beta=0.85$，得到恒荷载标准值作用下框架梁剪力图如图 3-7 所示，框架柱轴力图如图 3-8 所示。

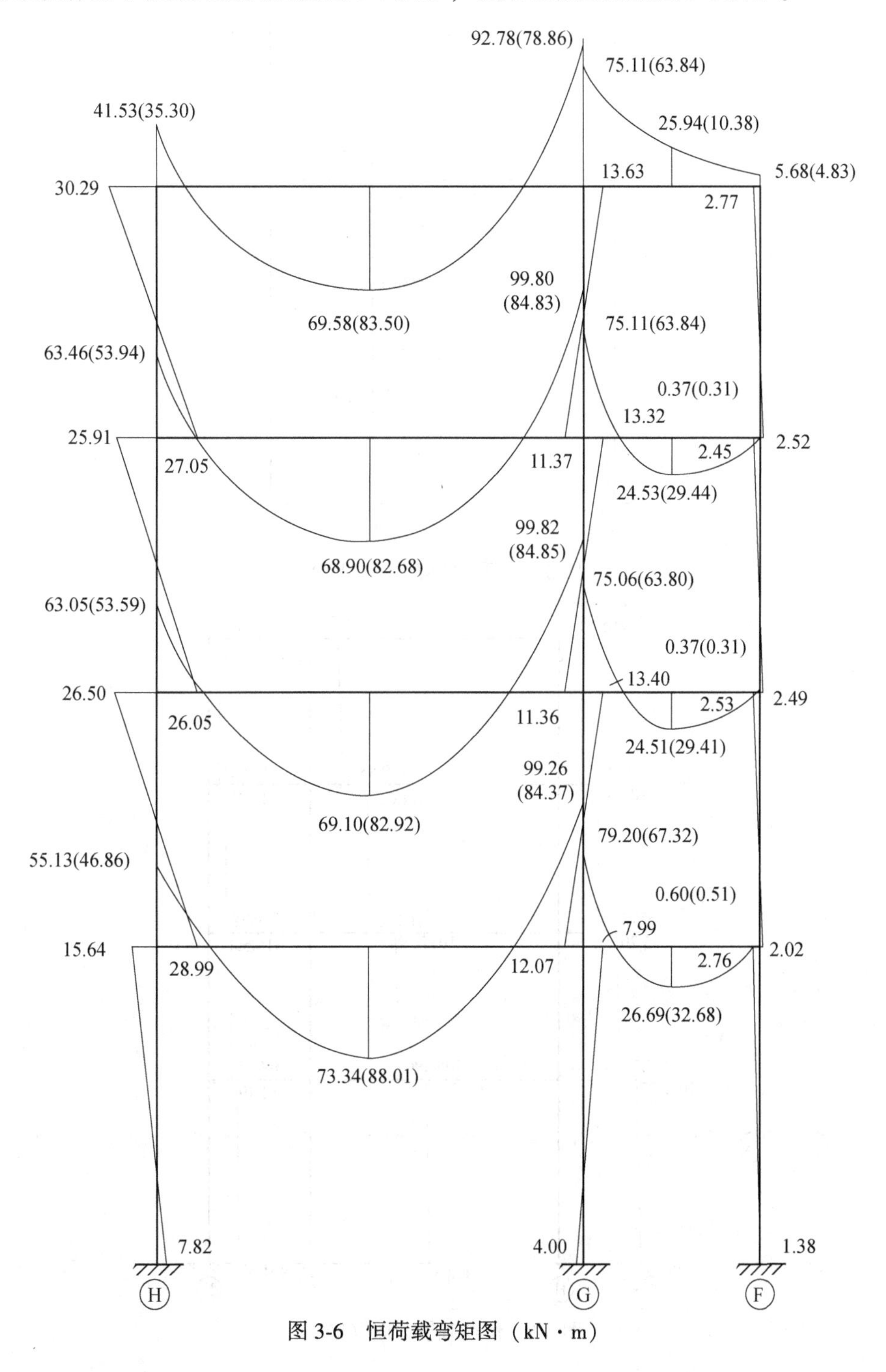

图 3-6 恒荷载弯矩图（kN·m）

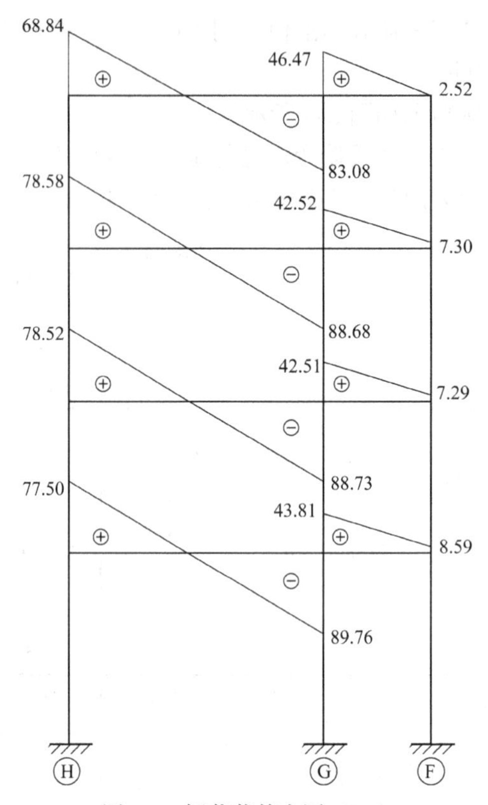

图 3-7 恒荷载剪力图（kN）

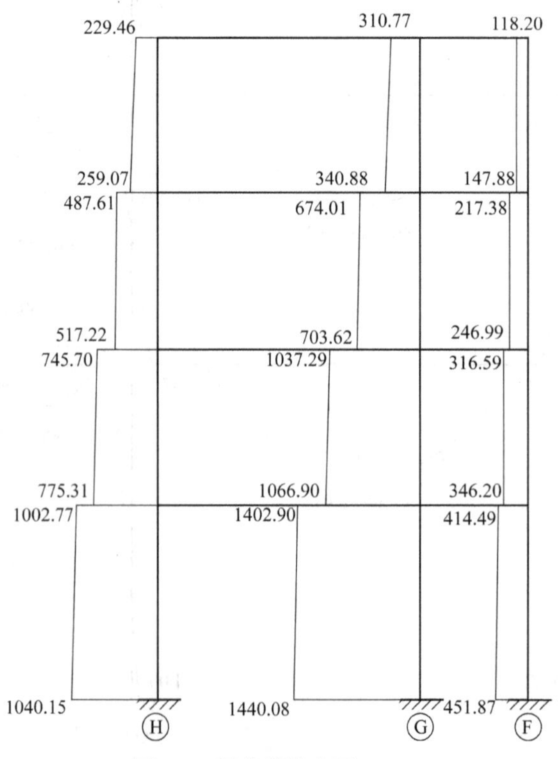

图 3-8 恒荷载轴力图（kN）

3.7.1.2 活荷载标准值作用下的内力计算

活荷载作用下的弯矩、剪力、轴力计算同恒荷载作用下的计算方法。经计算，得到活荷载作用下的固端弯矩及节点弯矩分配系数和分配过程，如表 3-10 所示。

表 3-10 活荷载内力计算 (kN · m)

上柱	下柱	右梁	左梁	上柱	下柱	右梁	左梁	下柱	上柱
0	0.259	0.741	0.267	0	0.093	0.640	0.873	0.127	0
	0.62	-6.35	6.35		0	-0.63	0.63	-0.41	
	1.48	4.25	-1.53		-0.53	-3.66	-0.19	-0.03	
	2.93	-0.76	2.12		-1.21	-0.10	-1.83	-0.06	
	-0.56	-1.60	-0.22		-0.08	-0.52	1.65	0.24	
	3.85	-4.47	6.73		-1.82	-4.91	0.26	0.15	
0.205	0.205	0.590	0.244	0.085	0.085	0.586	0.774	0.113	0.113
	3.1	-31.67	31.67		0	-3.17	3.17	-2.07	
5.86	5.86	16.86	-6.95	-2.42	-2.42	-16.70	-0.85	-0.12	-0.12
0.74	2.93	-3.48	8.43	-0.61	-1.21	-0.43	-8.35	-0.06	-0.01
-0.04	-0.04	-0.11	-1.51	-0.53	-0.53	-3.62	6.52	0.95	0.95
6.56	8.75	-18.40	31.63	-3.55	-4.16	-23.92	0.49	0.77	0.81
0.205	0.205	0.590	0.244	0.085	0.085	0.586	0.774	0.113	0.113
	3.1	-31.67	31.67		0	-3.17	3.17	-2.07	
5.86	5.86	16.86	-6.95	-2.42	-2.42	-16.70	-0.85	-0.12	-0.12
2.93	3.07	-3.48	8.43	-0.61	-1.24	-0.43	-8.35	-0.05	-0.06
-0.52	-0.52	-1.49	-1.50	-0.52	-0.52	-3.61	6.55	0.96	0.96
8.27	8.41	-19.78	31.64	-3.55	-4.19	-23.90	0.52	0.78	0.77
0.215	0.17	0.615	0.248	0.087	0.069	0.596	0.793	0.115	0.092
	3.1	-31.67	31.67		0	-3.17	3.17	-2.07	
6.14	4.86	17.57	-7.07	-2.48	-1.97	-16.99	-0.87	-0.13	-0.10
2.93	0.00	-3.53	8.79	-0.62	0.00	-0.44	-8.49	0.00	-0.06
0.13	0.10	0.37	-1.92	-0.67	-0.53	-4.61	6.78	0.98	0.79
9.20	4.96	-17.26	31.47	-3.77	-2.50	-25.20	0.59	0.86	0.62
2.48				-1.25					0.43

活荷载标准值作用下弯矩图如图 3-9 所示。

考虑梁端塑性内力重分布，对梁端弯矩进行调幅，取弯矩调幅系数 $\beta=0.85$，得到活荷载标准值作用下框架梁剪力图，如图 3-10 所示，框架柱轴力图如图 3-11 所示。

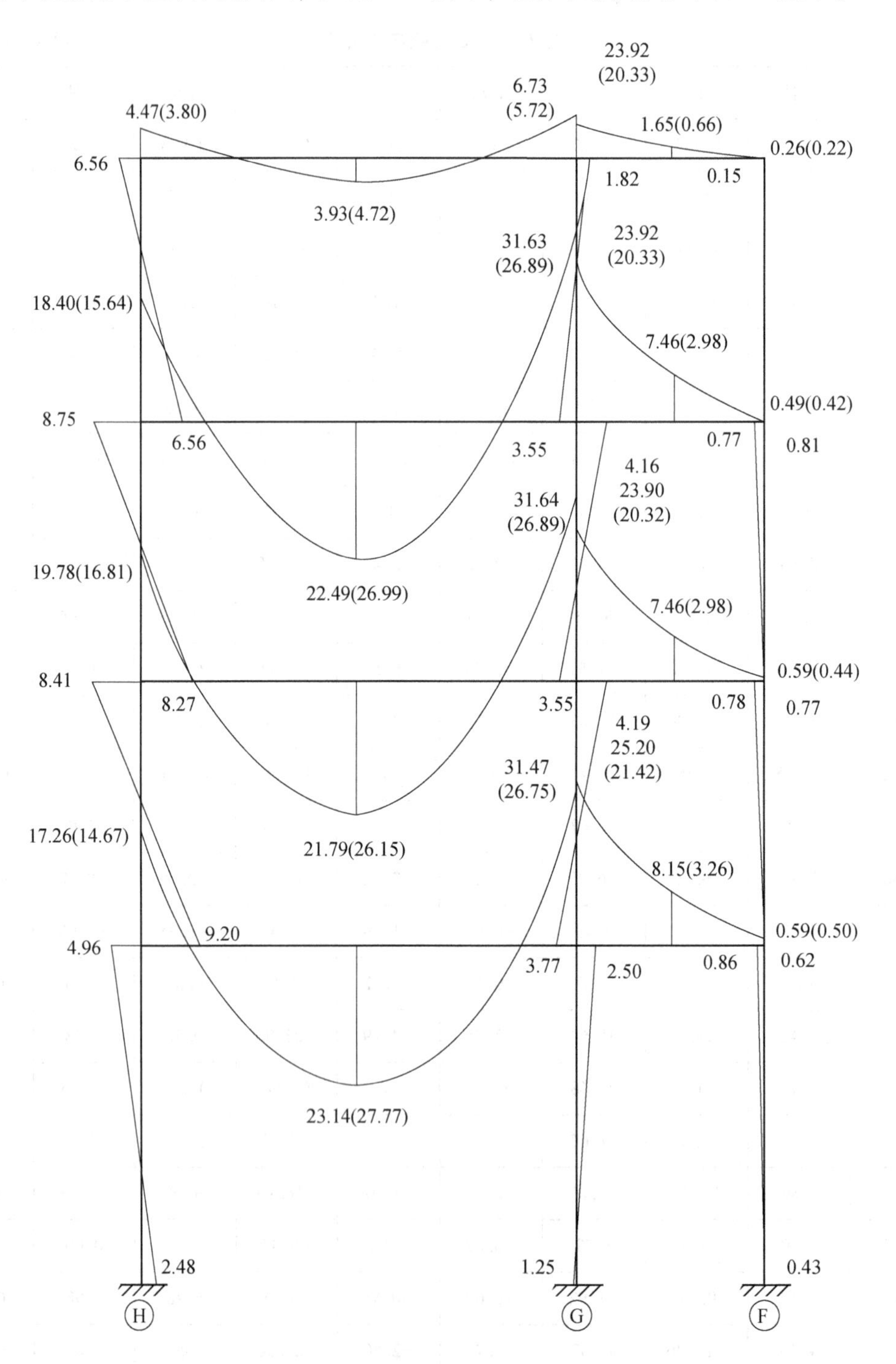

图 3-9 活荷载弯矩图（kN · m）

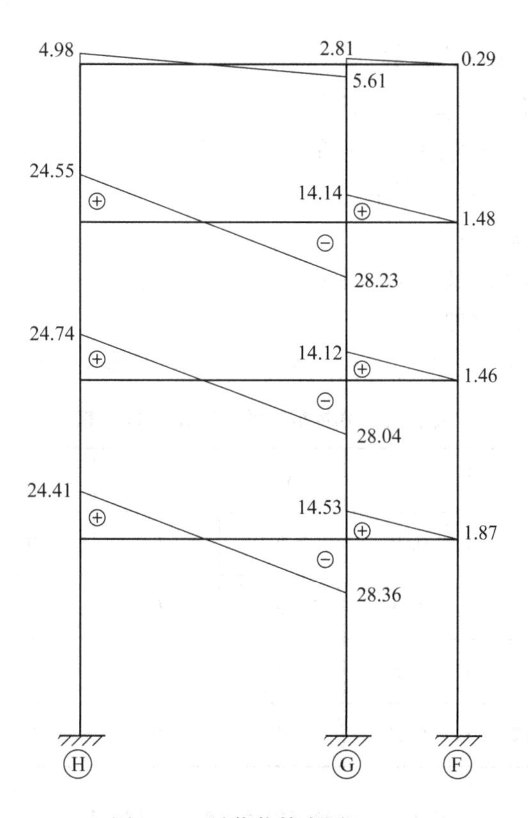

图 3-10　活荷载剪力图（kN）

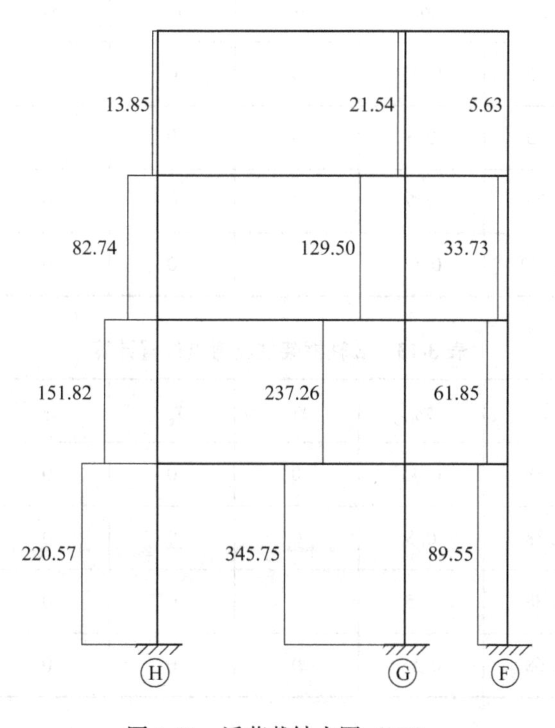

图 3-11　活荷载轴力图（kN）

3.7.2 水平荷载作用框架内力计算

3.7.2.1 风荷载作用下的内力计算

框架在左风荷载作用下的内力用 D 值法进行计算。

(1) 求各柱反弯点处的剪力值;

(2) 求各柱反弯点高度;

(3) 求各柱的杆端弯矩及梁端弯矩;

(4) 求各柱的轴力及梁剪力。

框架柱反弯点位置 $y=y_0+y_1+y_2+y_3$，计算结果如表 3-11～表 3-13 所示。

表 3-11 Ⓗ轴框架柱反弯点位置计算

层数	h/m	$\bar{i}$	y_0	y_1	y_2	y_3	y	yh/m
4	4.2	2.87	0.45	0	0	0	0.45	1.89
3	4.2	2.87	0.5	0	0	0	0.5	2.10
2	4.2	2.87	0.5	0	0	0	0.5	2.10
1	5.3	3.62	0.55	0	0	0	0.55	2.92

表 3-12 Ⓕ轴框架柱反弯点位置计算

层数	h/m	$\bar{i}$	y_0	y_1	y_2	y_3	y	yh/m
4	4.2	9.75	0.45	0	0	0	0.45	1.89
3	4.2	9.75	0.5	0	0	0	0.5	2.10
2	4.2	9.75	0.5	0	0	0	0.5	2.10
1	5.3	12.30	0.55	0	0	0	0.55	2.92

表 3-13 Ⓔ轴框架柱反弯点位置计算

层数	h/m	$\bar{i}$	y_0	y_1	y_2	y_3	y	yh/m
4	4.2	6.88	0.45	0	0	0	0.45	1.89
3	4.2	6.88	0.5	0	0	0	0.5	2.10
2	4.2	6.88	0.5	0	0	0	0.5	2.10
1	5.3	8.68	0.55	0	0	0	0.55	2.92

框架各柱端弯矩、梁端弯矩如表 3-14～表 3-16 所示。

表 3-14 风荷载作用下Ⓗ轴框架柱剪力和梁柱端弯矩计算

层数	层间剪力 V_i /kN	侧移刚度之和 $\sum D$ /kN·m^{-1}	第 j 柱的侧移刚度 D_j /kN·m^{-1}	$D_j/\sum D$	柱剪力 V_j /kN	反弯点 y	上柱弯矩 M_c^t /kN·m	下柱弯矩 M_c^b /kN·m	梁端弯矩 M_b /kN·m
4	9.73	55435.31	14934.63	0.269	2.62	0.45	6.06	4.95	6.06
3	20.27	55435.31	14934.63	0.269	5.46	0.5	11.47	11.47	16.42
2	30.81	55435.31	14934.63	0.269	8.30	0.5	17.43	17.43	28.90
1	42.73	31369.22	9196.6	0.293	12.53	0.55	29.88	36.52	47.31

表 3-15 风荷载作用下Ⓖ轴框架柱剪力和梁柱端弯矩计算

层数	层间剪力 V_i /kN	侧移刚度之和 $\sum D$ /kN·m^{-1}	第 j 柱的侧移刚度 D_j /kN·m^{-1}	$D_j/\sum D$	柱剪力 V_j /kN	反弯点 y	上柱弯矩 M_c^t /kN·m	下柱弯矩 M_c^b /kN·m	梁左端弯矩 M_b^l /kN·m	梁右端弯矩 M_b^r /kN·m
4	9.73	55435.31	21009.73	0.379	3.69	0.45	8.52	6.97	2.50	6.01
3	20.27	55435.31	21009.73	0.379	7.68	0.5	16.13	16.13	6.79	16.31
2	30.81	55435.31	21009.73	0.379	11.68	0.5	24.52	24.52	11.95	28.70
1	42.73	31369.22	11338.27	0.361	15.44	0.55	36.84	45.02	18.04	43.32

表 3-16 风荷载作用下Ⓕ轴框架柱剪力和梁柱端弯矩计算

层数	层间剪力 V_i /kN	侧移刚度之和 $\sum D$ /kN·m^{-1}	第 j 柱的侧移刚度 D_j /kN·m^{-1}	$D_j/\sum D$	柱剪力 V_j /kN	反弯点 y	上柱弯矩 M_c^t /kN·m	下柱弯矩 M_c^b /kN·m	梁端弯矩 M_b /kN·m
4	9.73	55435.31	19490.95	0.352	3.42	0.45	7.90	6.47	7.90
3	20.27	55435.31	19490.95	0.352	7.13	0.5	14.97	14.97	21.43
2	30.81	55435.31	19490.95	0.352	10.83	0.5	22.75	22.75	37.72
1	42.73	31369.22	10834.35	0.345	14.76	0.55	35.20	43.02	57.95

在左风荷载作用下，框架弯矩图、剪力图如图 3-12、图 3-13 所示。

在右风荷载作用下，内力图中各内力大小不变，只变号即可。

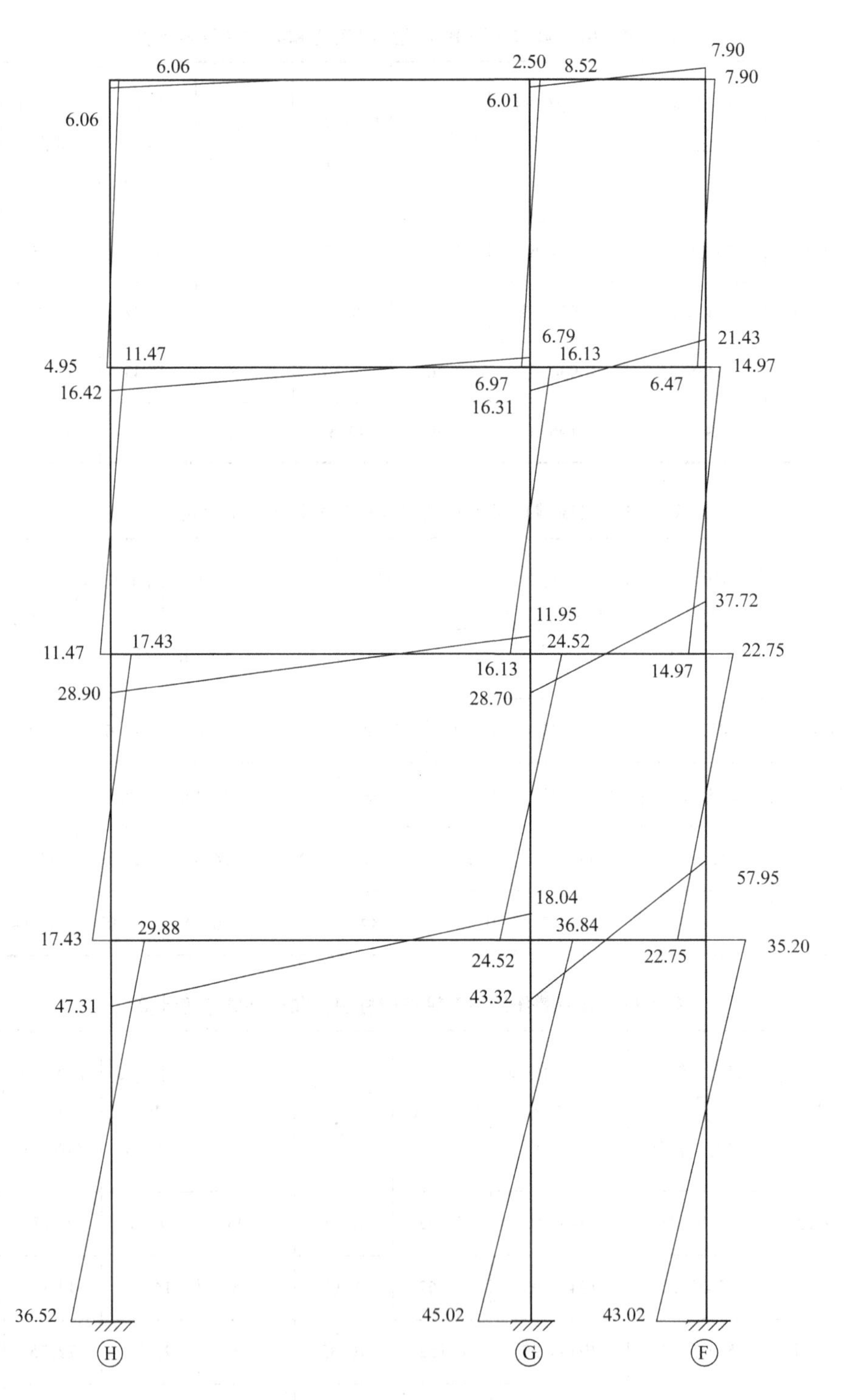

图 3-12 风荷载（左向）作用下框架弯矩图（kN·m）

3.7.2.2 地震作用下的内力计算

地震作用（左向）下，框架柱剪力和梁柱计算结果如表 3-17~表 3-19 所示。

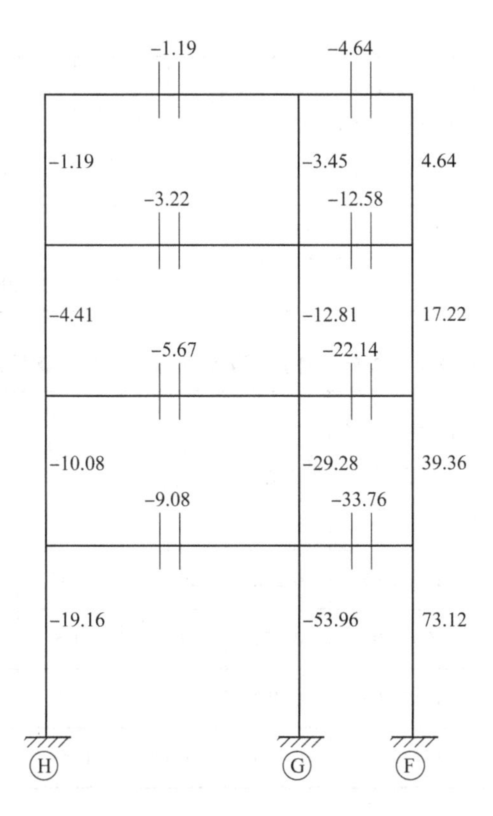

图 3-13 风荷载（左向）作用下框架梁剪力及柱轴力图（kN）

表 3-17 水平地震（左向）作用下Ⓗ轴框架柱剪力和梁柱端弯矩计算

层数	层间剪力 V_i /kN	侧移刚度之和 $\sum D$ /kN·m^{-1}	第 j 柱的侧移刚度 D_j /kN·m^{-1}	$D_j/\sum D$	柱剪力 V_j /kN	反弯点 y	上柱弯矩 M_c^t /kN·m	下柱弯矩 M_c^b /kN·m	梁端弯矩 M_b /kN·m
4	58.29	55435.31	14934.63	0.269	15.70	0.45	36.28	29.68	36.28
3	105.25	55435.31	14934.63	0.269	28.36	0.5	59.55	59.55	89.23
2	137.82	55435.31	14934.63	0.269	37.13	0.5	77.97	77.97	137.52
1	156.62	31369.22	9196.6	0.293	45.92	0.55	109.51	133.85	187.48

表 3-18 水平地震（左向）作用下Ⓖ轴框架柱剪力和梁柱端弯矩计算

层数	层间剪力 V_i /kN	侧移刚度之和 $\sum D$ /kN·m^{-1}	第 j 柱的侧移刚度 D_j /kN·m^{-1}	$D_j/\sum D$	柱剪力 V_j /kN	反弯点 y	上柱弯矩 M_c^t /kN·m	下柱弯矩 M_c^b /kN·m	梁左端弯矩 M_b^l /kN·m	梁右端弯矩 M_b^r /kN·m
4	58.29	55435.31	21009.73	0.379	22.09	0.45	51.03	41.75	15.00	36.03
3	105.25	55435.31	21009.73	0.379	39.89	0.5	83.77	83.77	36.90	88.62

续表 3-18

层数	层间剪力 V_i /kN	侧移刚度之和 $\sum D$ /kN·m^{-1}	第 j 柱的侧移刚度 D_j /kN·m^{-1}	$D_j/\sum D$	柱剪力 V_j /kN	反弯点 y	上柱弯矩 M_c^t /kN·m	下柱弯矩 M_c^b /kN·m	梁左端弯矩 M_b^l /kN·m	梁右端弯矩 M_b^r /kN·m
2	137.82	55435.31	21009.73	0.379	52.23	0.5	109.69	109.69	56.88	136.58
1	156.62	31369.22	11338.27	0.361	56.61	0.55	135.01	165.02	71.94	172.76

表 3-19　水平地震（左向）作用下Ⓕ轴框架柱剪力和梁柱端弯矩计算

层数	层间剪力 V_i /kN	侧移刚度之和 $\sum D$ /kN·m^{-1}	第 j 柱的侧移刚度 D_j /kN·m^{-1}	$D_j/\sum D$	柱剪力 V_j /kN	反弯点 y	上柱弯矩 M_c^t /kN·m	下柱弯矩 M_c^b /kN·m	梁端弯矩 M_b /kN·m
4	58.29	55435.31	19490.95	0.352	20.49	0.45	47.34	38.73	47.34
3	105.25	55435.31	19490.95	0.352	37.01	0.5	77.71	77.71	116.45
2	137.82	55435.31	19490.95	0.352	48.46	0.5	101.76	101.76	179.47
1	156.62	31369.22	10834.35	0.345	54.09	0.55	129.01	157.68	230.77

在左向地震作用下，框架弯矩图、剪力图如图 3-14、图 3-15 所示。

在右向地震作用下，内力图中各内力大小不变，只变号即可。

3.7.3　水平荷载作用下侧移的近似计算

水平荷载作用下框架的层间侧移可按下式计算：

$$\Delta u_j = \frac{V_j}{\sum D_{ij}}$$

在风荷载作用下框架侧移的计算如表 3-20 所示。

表 3-20　风荷载作用下框架侧移计算

层数	层高 h_i /m	W_j /kN	V_j /kN	$\sum D$ /kN·m^{-1}	Δu_j /mm	Δu /mm	$\Delta u_j/h_j$
4	4.2	9.73	9.73	55435.31	0.176	2.459	1/23863
3	4.2	10.54	20.27	55435.31	0.366	2.284	1/11475
2	4.2	10.54	30.81	55435.31	0.556	1.918	1/7554
1	5.3	11.92	42.73	31369.22	1.362	1.362	1/3891

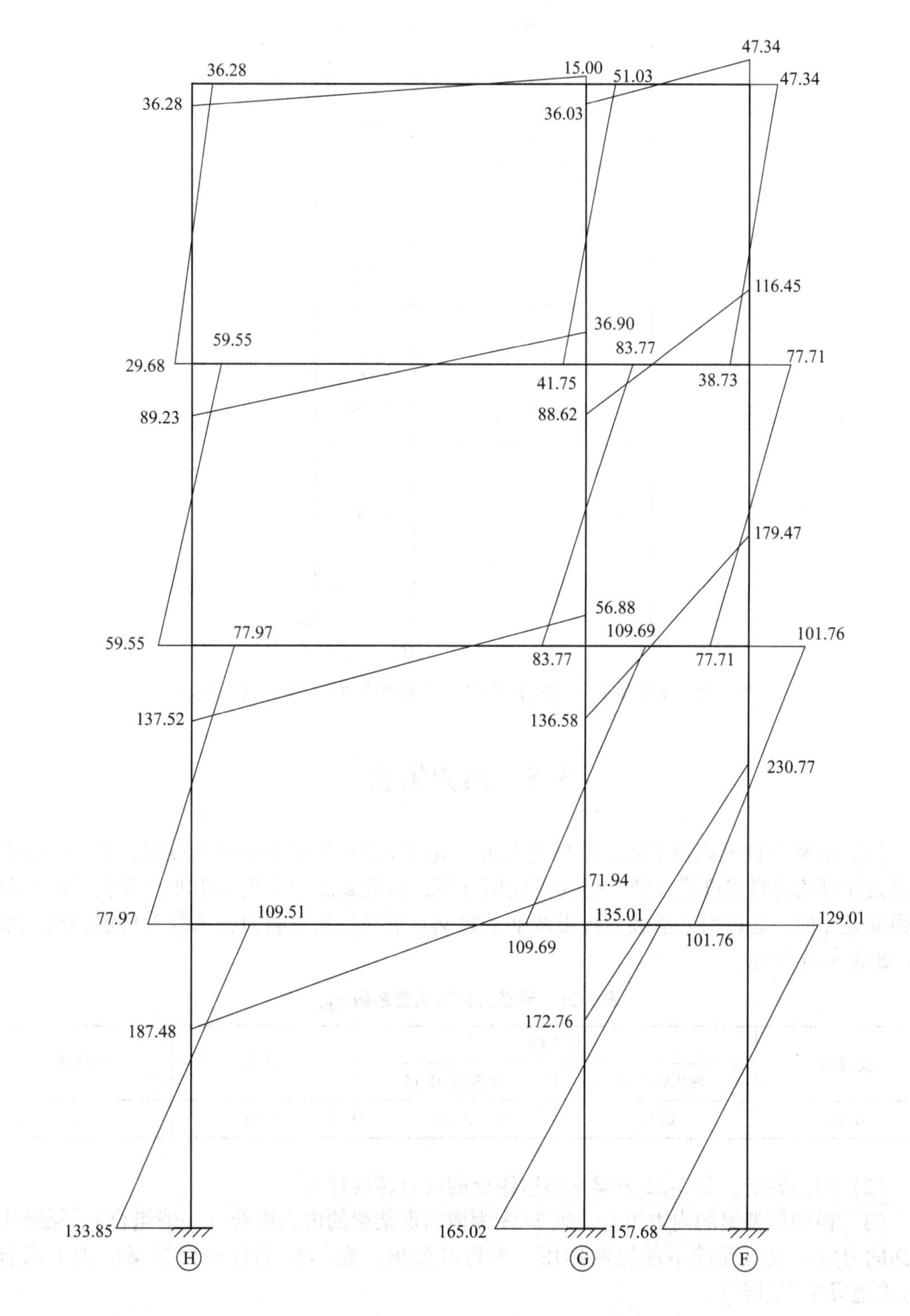

图 3-14 水平地震（左向）作用下框架弯矩图（kN·m）

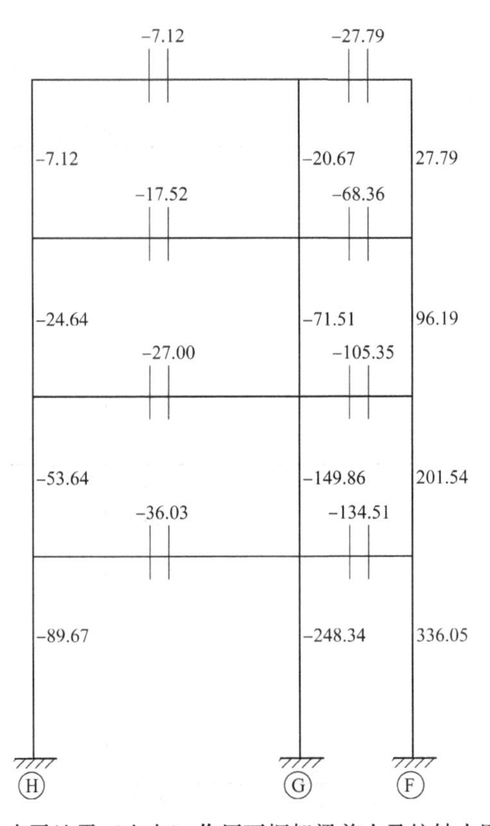

图 3-15 水平地震（左向）作用下框架梁剪力及柱轴力图（kN）

3.8 内力组合

（1）承载力抗震调整系数。从理论上讲，抗震设计中采用的材料强度设计值应高于非抗震设计时的材料强度设计值。但为了应用方便，在抗震设计中仍采用非抗震设计时的材料强度设计值，通过引入承载力抗震调整系数 γ_{RE} 来提高其承载力，承载力抗震调整系数 γ_{RE} 如表 3-21 所示。

表 3-21 承载力抗震调整系数 γ_{RE}

受弯梁	偏压柱		受剪	受弯梁
	轴压比<0. 15	轴压比>0. 15		
0. 75	0. 75	0. 80	0. 85	0. 75

（2）内力转换。表 3-22 为梁支座边缘处的内力转换计算。

（3）横向框架梁的内力组合。表 3-23 为横向框架梁的内力组合（一般组合），梁跨中截面的剪力一般对配筋不起控制作用，未将其列出；表 3-24 为横向框架梁的内力组合（考虑地震作用组合）。

（4）横向框架柱的内力组合。表 3-25 为横向框架柱的内力组合（一般组合）；表 3-26 为横向框架柱的内力组合（考虑地震作用组合）。

表 3-22 框架梁的支座边缘处的内力转换计算

层数	跨	截面	内力	恒荷载标准值		活荷载标准值		左风荷载标准值		右风荷载标准值		左向地震作用标准值		右向地震作用标准值	
				轴线处	支座边缘	轴线处	支座边缘	轴线处	支座边缘	轴线处	支座边缘	轴线处	支座边缘	轴线处	支座边缘
4	ⒽⒼ	梁左	M/kN·m	-35.30	-18.09	-3.80	-2.71	6.06	5.76	-6.06	-5.76	36.28	34.50	-36.28	-34.50
			V/kN	68.84	63.57	4.38	4.01	-1.19	-1.19	1.19	1.19	-7.12	-7.12	7.12	7.12
		梁右	M/kN·m	-78.86	-58.09	-5.72	-4.32	-2.50	-2.20	2.50	2.20	-15.00	-13.22	15.00	13.22
			V/kN	-83.08	-77.81	-5.61	-5.24	-1.19	-1.19	1.19	1.19	-7.12	-7.12	7.12	7.12
	ⒼⒻ	梁左	M/kN·m	-63.84	-52.22	-20.33	-19.63	6.01	4.85	-6.01	-4.85	36.03	29.08	-36.03	-29.08
			V/kN	46.47	42.81	2.81	2.60	-4.64	-4.64	4.64	4.64	-27.79	-27.79	27.79	27.79
		梁右	M/kN·m	-4.83	-5.46	-0.22	-0.29	-7.90	-6.74	7.90	6.74	-47.34	-40.39	47.34	40.39
			V/kN	2.52	6.18	0.29	0.50	-4.64	-4.64	4.64	4.64	-27.79	-27.79	27.79	27.79
3	ⒽⒼ	梁左	M/kN·m	-53.94	-34.30	-15.64	-9.50	16.42	15.62	-16.42	-15.62	89.23	84.85	-89.23	-84.85
			V/kN	78.58	72.77	24.55	22.72	-3.22	-3.22	3.22	3.22	-17.52	-17.52	17.52	17.52
		梁右	M/kN·m	-84.83	-62.66	-26.89	-19.83	-6.79	-5.99	6.79	5.99	-36.90	-32.52	36.90	32.52
			V/kN	-88.68	-82.87	-28.23	-26.40	-3.22	-3.22	3.22	3.22	-17.52	-17.52	17.52	17.52
	ⒼⒻ	梁左	M/kN·m	-63.84	-52.22	-20.33	-16.80	16.31	13.17	-16.31	-13.17	88.62	71.53	-88.62	-71.53
			V/kN	46.47	43.54	14.14	13.09	-12.58	-12.58	12.58	12.58	-68.36	-68.36	68.36	68.36
		梁右	M/kN·m	-0.31	-0.94	-0.42	-0.79	-21.43	-18.29	21.43	18.29	-116.45	-99.36	116.45	99.36
			V/kN	2.52	5.46	1.48	2.54	-12.58	-12.58	12.58	12.58	-68.36	-68.36	68.36	68.36

续表 3-22

层数	跨	截面	内力	恒荷载标准值		活荷载标准值		左风荷载标准值		右风荷载标准值		左向地震作用标准值		右向地震作用标准值	
				轴线处	支座边缘	轴线处	支座边缘	轴线处	支座边缘	轴线处	支座边缘	轴线处	支座边缘	轴线处	支座边缘
2	ⒽⒼ	梁左	M/kN · m	-53.59	-33.96	-16.81	-10.63	28.90	27.48	-28.90	-27.48	137.52	130.77	-137.52	-130.77
			V/kN	78.52	72.71	24.74	22.91	-5.67	-5.67	5.67	5.67	-27.00	-27.00	27.00	27.00
		梁右	M/kN · m	-84.85	-62.68	-26.89	-19.88	-11.95	-10.53	11.95	10.53	-56.88	-50.13	56.88	50.13
			V/kN	-88.68	-82.87	-28.04	-26.21	-5.67	-5.67	5.67	5.67	-27.00	-27.00	27.00	27.00
	ⒼⒻ	梁左	M/kN · m	-63.80	-53.17	-20.32	-16.79	28.70	23.17	-28.70	-23.17	136.58	110.24	-136.58	-110.24
			V/kN	42.52	39.59	14.12	13.07	-22.14	-22.14	22.14	22.14	-105.35	-105.35	105.35	105.35
		梁右	M/kN · m	-0.31	-2.14	-0.44	-0.81	-37.72	-32.19	37.72	32.19	-179.47	-153.13	179.47	153.13
			V/kN	7.30	10.24	1.46	2.52	-22.14	-22.14	22.14	22.14	-105.35	-105.35	105.35	105.35
1	ⒽⒼ	梁左	M/kN · m	-46.86	-27.49	-14.67	-8.57	47.31	45.04	-47.31	-45.04	187.48	178.47	-187.48	-178.47
			V/kN	77.50	71.69	24.41	22.58	-9.08	-9.08	9.08	9.08	-36.03	-36.03	36.03	36.03
		梁右	M/kN · m	-84.37	-61.93	-26.75	-19.66	-18.04	-15.77	18.04	15.77	-71.94	-62.93	71.94	62.93
			V/kN	-89.76	-83.95	-28.36	-26.53	-9.08	-9.08	9.08	9.08	-36.03	-36.03	36.03	36.03
	ⒼⒻ	梁左	M/kN · m	-67.32	-56.37	-21.42	-17.79	43.32	34.88	-43.32	-34.88	172.76	139.13	-172.76	-139.13
			V/kN	43.81	40.88	14.53	13.48	-33.76	-33.76	33.76	33.76	-134.51	-134.51	134.51	134.51
		梁右	M/kN · m	-0.51	-2.66	-0.50	-0.97	-57.95	-49.51	57.95	49.51	-230.77	-197.14	230.77	197.14
			V/kN	8.59	11.53	1.87	2.93	-33.76	-33.76	33.76	33.76	-134.51	-134.51	134.51	134.51

表 3-23 横向框架梁内力组合（一般组合）

层数	跨	截面	内力	荷载种类				内力组合						$\lvert M\rvert_{max}$ 及相应的 V	M_{min} 及相应的 V	$\lvert V\rvert_{max}$ 及相应的 M
				恒荷载	活荷载	风荷载		$1.2S_{Gk}+1.4S_{Qk}$	$1.2S_{Gk}+1.4S_{Qk}+0.6\times1.4S_{wk}$		$1.2S_{Gk}+0.7\times1.4S_{Qk}+1.4S_{wk}$		$1.35S_{Gk}+0.7\times1.4S_{Qk}$			
						左风	右风		左风	右风	左风	右风				
4	ⒽⒼ	梁左	M/kN·m	-18.09	-2.71	5.76	-5.76	-25.50	-20.65	-30.34	-16.29	-32.43	-27.07		-32.43	-27.07
			V/kN	63.57	4.01	-1.19	1.19	81.90	80.90	82.90	78.54	81.88	89.75		81.88	89.75
		跨中	M/kN·m	83.50	4.72	1.78	-1.78	106.81	108.30	105.31	107.32	102.33	117.35	117.35		
		梁右	M/kN·m	-58.09	-4.32	-2.20	2.20	-75.75	-77.60	-73.90	-77.02	-70.86	-82.65		-82.65	-82.65
			V/kN	-77.81	-5.24	-1.19	1.19	-100.71	-101.71	-99.71	-100.17	-96.84	-110.17		-110.17	-110.17
	ⒼⒻ	梁左	M/kN·m	-52.22	-19.63	4.85	-4.85	-90.15	-86.07	-94.22	-75.11	-88.69	-89.74		-94.22	-88.69
			V/kN	42.81	2.60	-4.64	4.64	55.01	51.11	58.91	47.42	60.41	60.34		58.91	60.41
		跨中	M/kN·m	-10.38	-0.66	-0.95	0.95	-13.38	-14.17	-12.59	-14.43	-11.78	-14.66	-14.66		
		梁右	M/kN·m	-5.46	-0.29	-6.74	6.74	-6.96	-12.62	-1.30	-16.27	2.60	-7.66		-16.27	2.60
			V/kN	6.18	0.50	-4.64	4.64	8.12	4.22	12.02	1.41	14.41	8.84		1.41	14.41

续表 3-23

层数	跨	截面	内力	荷载种类				内力组合						$\lvert M\rvert_{max}$ 及相应的 V	M_{min} 及相应的 V	$\lvert V\rvert_{max}$ 及相应的 M
				恒荷载	活荷载	风荷载		$1.2S_{Gk}+1.4S_{Qk}$	$1.2S_{Gk}+1.4S_{Qk}+0.6\times1.4S_{wk}$		$1.2S_{Gk}+0.7\times1.4S_{Qk}+1.4S_{wk}$		$1.35S_{Gk}+0.7\times1.4S_{Qk}$			
						左风	右风		左风	右风	左风	右风				
3	ⒽⒼ	梁左	M/kN·m	-34.30	-9.50	15.62	-15.62	-54.46	-41.34	-67.57	-28.61	-72.33	-55.61		-72.33	-67.57
			V/kN	72.77	22.72	-3.22	3.22	119.13	116.43	121.84	105.08	114.10	120.51		114.10	121.84
		跨中	M/kN·m	82.68	26.99	4.82	-4.82	137.00	141.05	132.96	132.41	118.93	138.07	141.05		
		梁右	M/kN·m	-62.66	-19.83	-5.99	5.99	-102.96	-107.98	-97.93	-103.01	-86.25	-104.03		-107.98	-107.98
			V/kN	-82.87	-26.40	-3.22	3.22	-136.40	-139.11	-133.70	-129.82	-120.81	-137.75		-139.11	-139.11
	ⒼⒻ	梁左	M/kN·m	-52.22	-16.80	13.17	-13.17	-86.18	-75.12	-97.24	-60.70	-97.56	-86.96		-97.56	-97.56
			V/kN	43.54	13.09	-12.58	12.58	70.56	59.99	81.13	47.45	82.68	71.60		82.68	82.68
		跨中	M/kN·m	29.44	-2.98	-2.56	2.56	31.16	29.01	33.31	28.82	35.99	36.82	36.82		
		梁右	M/kN·m	-0.94	-0.79	-18.29	18.29	-2.23	-17.59	13.13	-27.50	23.70	-2.04		-27.50	23.70
			V/kN	5.46	2.54	-12.58	12.58	10.10	-0.47	20.66	-8.58	26.64	9.85		-8.58	26.64

续表 3-23

层数	跨	截面	内力	荷载种类				内力组合						$\|M\|_{max}$ 及相应的 V	M_{min} 及相应的 V	$\|V\|_{max}$ 及相应的 M
				恒荷载	活荷载	风荷载		$1.2S_{Gk}+1.4S_{Qk}$	$1.2S_{Gk}+1.4S_{Qk}+0.6\times1.4S_{wk}$		$1.2S_{Gk}+0.7\times1.4S_{Qk}+1.4S_{wk}$		$1.35S_{Gk}+0.7\times1.4S_{Qk}$			
						左风	右风		左风	右风	左风	右风				
2	ⒽⒼ	梁左	M/kN·m	-33.96	-10.63	27.48	-27.48	-55.63	-32.54	-78.71	-12.69	-89.64	-56.26		-89.64	-78.71
			V/kN	72.71	22.91	-5.67	5.67	119.33	114.56	124.09	101.77	117.64	120.61		117.64	124.09
		跨中	M/kN·m	82.92	26.15	8.48	-8.48	136.11	143.23	129.00	137.00	113.27	137.57	143.23		
		梁右	M/kN·m	-62.68	-19.88	-10.53	10.53	-103.05	-111.90	-94.20	-109.44	-79.95	-104.10		-111.90	-111.90
			V/kN	-82.87	-26.21	-5.67	5.67	-136.14	-140.90	-131.37	-133.07	-117.19	-137.56		-140.90	-140.90
	ⒼⒻ	梁左	M/kN·m	-53.17	-16.79	23.17	-23.17	-87.31	-67.85	-106.77	-47.83	-112.69	-88.23		-112.69	-112.69
			V/kN	39.59	13.07	-22.14	22.14	65.79	47.20	84.39	29.31	91.30	66.24		91.30	91.30
		跨中	M/kN·m	29.41	-2.98	-4.51	4.51	31.12	27.33	34.91	26.06	38.69	36.78	38.69		
		梁右	M/kN·m	-2.14	-0.81	-32.19	32.19	-3.69	-30.72	23.35	-48.41	41.71	-3.67		-48.41	41.71
			V/kN	10.24	2.52	-22.14	22.14	15.80	-2.79	34.40	-16.25	45.74	16.28		-16.25	45.74

续表 3-23

层数	跨	截面	内力	荷载种类				内力组合						$\lvert M\rvert_{max}$ 及相应的 V	M_{min} 及相应的 V	$\lvert V\rvert_{max}$ 及相应的 M
				恒荷载	活荷载	风荷载		$1.2S_{Gk}+1.4S_{Qk}$	$1.2S_{Gk}+1.4S_{Qk}+0.6\times1.4S_{wk}$		$1.2S_{Gk}+0.7\times1.4S_{Qk}+1.4S_{wk}$		$1.35S_{Gk}+0.7\times1.4S_{Qk}$			
						左风	右风		左风	右风	左风	右风				
1	ⒽⒼ	梁左	M/kN·m	−27.49	−8.57	45.04	−45.04	−44.98	−7.14	−82.81	21.68	−104.43	−45.50		−104.43	−82.81
			V/kN	71.69	22.58	−9.08	9.08	117.64	110.01	125.27	95.44	120.87	118.91		120.87	125.27
		跨中	M/kN·m	88.01	27.77	14.64	−14.64	144.49	156.78	132.20	153.32	112.34	146.03	156.78		
		梁右	M/kN·m	−61.93	−19.66	−15.77	15.77	−101.84	−115.09	−88.59	−115.66	−71.50	−102.87		−115.66	−115.09
			V/kN	−83.95	−26.53	−9.08	9.08	−137.88	−145.51	−130.25	−139.45	−114.03	−139.33		139.45	−145.51
	ⒼⒻ	梁左	M/kN·m	−56.37	−17.79	34.88	−34.88	−92.54	−63.24	−121.84	−36.24	−133.90	−93.53		−133.90	−133.90
			V/kN	40.88	13.48	−33.76	33.76	67.92	39.56	96.27	14.99	109.52	68.39		109.52	109.52
		跨中	M/kN·m	32.68	−3.26	−7.32	7.32	34.65	28.51	40.80	25.78	46.26	40.92	46.26		
		梁右	M/kN·m	−2.66	−0.97	−49.51	49.51	−4.54	−46.13	37.04	−73.45	65.18	−4.54		−73.45	65.18
			V/kN	11.53	2.93	−33.76	33.76	17.93	−10.43	46.28	−30.57	63.96	18.43		−30.57	63.96

注：S_{Gk}——恒载在结构中产生的效应；
S_{Qk}——活载在结构中产生的效应；
S_{wk}——风荷载在结构中产生的效应；
M——弯矩；
V——剪力。

表 3-24 横向框架梁内力组合（考虑地震作用的组合）

层数	跨	截面	内力	荷载种类				内力计算					$\|M\|_{max}$ 及相应的 V	M_{min} 及相应的 V	$\|V\|_{max}$ 及相应的 M
				恒荷载	活荷载	地震作用		S_{GE}	$1.0S_{GE}+1.3S_{Ek}$		$1.2S_{GE}+1.3S_{Ek}$				
						左向	右向		左向	右向	左向	右向			
4	ⒽⒼ	梁左	M/kN·m	−18.09	−2.71	34.50	−34.50	−19.44	25.41	−64.29	21.52	−68.18		−68.18	−68.18
			V/kN	63.57	4.01	−7.12	7.12	65.57	56.32	74.83	69.43	87.94		87.94	87.94
		跨中	M/kN·m	83.50	4.72	10.64	−10.64	85.86	99.69	72.03	116.86	89.20	116.86		
		梁右	M/kN·m	−58.09	−4.32	−13.22	13.22	−60.25	−77.43	−43.06	−89.48	−55.11		−89.48	−89.48
			V/kN	−77.81	−5.24	−7.12	7.12	−80.43	−89.68	−71.17	−105.77	−87.26		−105.77	−105.77
	ⒼⒻ	梁左	M/kN·m	−52.22	−19.63	29.08	−29.08	−62.04	−24.23	−99.84	−36.64	−112.25		−112.25	−112.25
			V/kN	42.81	2.60	−27.79	27.79	44.11	7.98	80.23	16.80	89.06		89.06	89.06
		跨中	M/kN·m	−10.38	−0.66	−5.66	5.66	−10.71	−18.06	−3.36	−20.20	−5.50	−20.20		
		梁右	M/kN·m	−5.46	−0.29	−40.39	40.39	−5.61	−58.12	46.90	−59.24	45.78		−59.24	45.78
			V/kN	6.18	0.50	−27.79	27.79	6.43	−29.69	42.56	−28.41	43.85		−28.41	43.85

续表 3-24

层数	跨	截面	内力	荷载种类				内力计算					$\|M\|_{max}$及相应的V	M_{min}及相应的V	$\|V\|_{max}$及相应的M
				恒荷载	活荷载	地震作用		S_{GE}	$1.0S_{GE}+1.3S_{Ek}$		$1.2S_{GE}+1.3S_{Ek}$				
						左向	右向		左向	右向	左向	右向			
3	ⒽⒼ	梁左	M/kN·m	-34.30	-9.50	84.85	-84.85	-39.05	71.26	-149.35	63.45	-157.16		-157.16	-149.35
			V/kN	72.77	22.72	-17.52	17.52	84.13	61.36	106.91	78.18	123.73		106.45	123.73
		跨中	M/kN·m	82.68	26.99	26.17	-26.17	96.18	130.19	62.16	149.42	81.40	149.42		
		梁右	M/kN·m	-62.66	-19.83	-32.52	32.52	-72.58	-114.85	-30.30	-129.37	-44.82		-129.37	-129.37
			V/kN	-82.87	-26.40	-17.52	17.52	-96.07	-118.85	-73.30	-138.06	-92.51		-138.06	-138.06
	ⒼⒻ	梁左	M/kN·m	-52.22	-16.80	71.53	-71.53	-60.62	32.37	-153.61	20.25	-165.73		-165.73	-165.73
			V/kN	43.54	13.09	-68.36	68.36	50.08	-38.79	138.95	-28.78	148.96		148.96	148.96
		跨中	M/kN·m	29.44	-2.98	-13.92	13.92	27.95	9.86	46.04	15.45	51.63	51.63		
		梁右	M/kN·m	-0.94	-0.79	-99.36	99.36	-1.34	-130.50	127.83	-130.77	127.57		-130.77	127.57
			V/kN	5.46	2.54	-68.36	68.36	6.72	-82.15	95.59	-80.80	96.94		-80.80	96.94

续表 3-24

层数	跨	截面	内力	荷载种类				内力计算					$\lvert M\rvert_{max}$及相应的V	M_{min}及相应的V	$\lvert V\rvert_{max}$及相应的M
				恒荷载	活荷载	地震作用		S_{GE}	$1.0S_{GE}+1.3S_{Ek}$		$1.2S_{GE}+1.3S_{Ek}$				
						左向	右向		左向	右向	左向	右向			
2	ⒽⒼ	梁左	M/kN · m	-33.96	-10.63	130.77	-130.77	-39.27	130.73	-209.27	122.87	-217.13		-217.13	-209.27
			V/kN	72.71	22.91	-27.00	27.00	84.17	49.07	119.27	65.90	136.10		119.27	136.10
		跨中	M/kN · m	82.92	26.15	40.32	-40.32	96.00	148.41	43.58	167.61	62.78	167.61		
		梁右	M/kN · m	-62.68	-19.88	-50.13	50.13	-72.62	-137.79	-7.45	-152.31	-21.98		-152.31	-152.31
			V/kN	-82.87	-26.21	-27.00	27.00	-95.98	-131.08	-60.88	-150.27	-80.07		-150.27	-150.27
	ⒼⒻ	梁左	M/kN · m	-53.17	-16.79	110.24	-110.24	-61.57	81.75	-204.88	69.44	-217.19		-217.19	-204.88
			V/kN	39.59	13.07	-105.35	105.35	46.12	-90.84	183.07	-81.61	192.30		183.07	192.30
		跨中	M/kN · m	29.41	-2.98	-21.45	21.45	27.92	0.04	55.80	5.63	61.38	61.38		
		梁右	M/kN · m	-2.14	-0.81	-153.13	153.13	-2.54	-201.61	196.53	-202.12	196.03		-202.12	196.53
			V/kN	10.24	2.52	-105.35	105.35	11.49	-125.46	148.45	-123.16	150.75		-123.16	150.75

续表 3-24

层数	跨	截面	内力	荷载种类				内力计算					$\|M\|_{max}$ 及相应的 V	M_{min} 及相应的 V	$\|V\|_{max}$ 及相应的 M
				恒荷载	活荷载	地震作用		S_{GE}	$1.0S_{GE}+1.3S_{Ek}$		$1.2S_{GE}+1.3S_{Ek}$				
						左向	右向		左向	右向	左向	右向			
1	ⒽⒼ	梁左	M/kN·m	-27. 49	-8. 57	178. 47	-178. 47	-31. 77	200. 25	-263. 78	193. 89	-270. 14		-270. 14	-263. 78
			V/kN	71. 69	22. 58	-36. 03	36. 03	82. 98	36. 14	129. 82	52. 74	146. 42		129. 82	146. 42
		跨中	M/kN·m	88. 01	27. 77	57. 77	-57. 77	101. 90	177. 00	26. 79	197. 38	47. 17	197. 38		
		梁右	M/kN·m	-61. 93	-19. 66	-62. 93	62. 93	-71. 76	-153. 57	10. 05	-167. 92	-4. 30		-167. 92	-167. 92
			V/kN	-83. 95	-26. 53	-36. 03	36. 03	-97. 22	-144. 06	-50. 38	-163. 50	-69. 82		-163. 50	-163. 50
	ⒼⒻ	梁左	M/kN·m	-56. 37	-17. 79	139. 13	-139. 13	-65. 26	115. 61	-246. 13	102. 56	-259. 19		-259. 19	-246. 13
			V/kN	40. 88	13. 48	-134. 51	134. 51	47. 61	-127. 25	222. 48	-117. 73	232. 00		222. 48	232. 00
		跨中	M/kN·m	32. 68	-3. 26	-29. 01	29. 01	31. 05	-6. 66	68. 76	-0. 45	74. 97	74. 97		
		梁右	M/kN·m	-2. 66	-0. 97	-197. 14	197. 14	-3. 14	-259. 43	253. 14	-260. 05	252. 52		-260. 05	253. 14
			V/kN	11. 53	2. 93	-134. 51	134. 51	12. 99	-161. 88	187. 85	-159. 28	190. 45		-159. 28	190. 45

表 3-25 横向框架柱内力组合（一般组合）

层数	柱	截面	内力	荷载种类				内力组合						$\lvert M\rvert_{max}$及相应的N	N_{min}及相应的M	N_{max}及相应的M
				恒荷载	活荷载	风荷载		$1.2S_{Gk}+1.4S_{Qk}$	$1.2S_{Gk}+1.4S_{Qk}+0.6\times1.4S_{wk}$		$1.2S_{Gk}+0.7\times1.4S_{Qk}+1.4S_{wk}$		$1.35S_{Gk}+0.7\times1.4S_{Qk}$			
						左风	右风		左风	右风	左风	右风				
4	Ⓗ	柱顶	M/kN·m	30.29	3.85	-6.06	6.06	41.74	36.65	46.83	31.64	48.61	44.66	48.61	31.64	44.66
			N/kN	229.46	13.85	-1.19	1.19	294.74	293.74	295.74	287.26	290.59	323.34	290.59	287.26	323.34
		柱底	M/kN·m	27.05	6.56	-4.95	4.95	41.64	37.49	45.80	31.96	45.82	42.95	45.82	31.96	42.95
			N/kN	259.07	13.85	-1.19	1.19	330.27	329.27	331.27	322.79	326.12	363.32	326.12	322.79	363.32
	Ⓖ	柱顶	M/kN·m	-13.65	-1.82	-8.52	8.52	-18.93	-26.08	-11.77	-30.09	-6.24	-20.21	-30.09	-30.09	-20.21
			N/kN	310.77	21.54	-3.45	3.45	403.08	400.18	405.98	389.20	398.86	440.65	389.20	389.20	440.65
		柱底	M/kN·m	-11.37	3.55	-6.97	6.97	-8.67	-14.53	-2.82	-19.92	-0.41	-11.87	-19.92	-19.92	-11.87
			N/kN	340.88	21.54	-3.45	3.45	439.21	436.31	442.11	425.34	435.00	481.30	425.34	425.34	481.30
	Ⓕ	柱顶	M/kN·m	2.77	0.15	-7.90	7.90	3.53	-3.10	10.17	-7.59	14.53	3.89	14.53	14.86	3.89
			N/kN	118.20	5.63	4.64	-4.64	149.72	153.62	145.82	153.85	140.86	165.09	140.86	140.86	165.09
		柱底	M/kN·m	2.52	0.81	-6.47	6.47	4.16	-1.28	9.59	-5.24	12.88	4.20	12.88	12.88	4.20
			N/kN	147.81	5.63	4.64	-4.64	185.25	189.15	181.36	189.39	176.39	205.06	176.39	176.39	205.06

续表 3-25

层数	柱	截面	内力	荷载种类				内力组合							$\|M\|_{max}$ 及相应的 N	N_{min} 及相应的 M	N_{max} 及相应的 M
				恒荷载	活荷载	风荷载		$1.2S_{Gk}+1.4S_{Qk}$	$1.2S_{Gk}+1.4S_{Qk}+0.6\times1.4S_{wk}$		$1.2S_{Gk}+0.7\times1.4S_{Qk}+1.4S_{wk}$		$1.35S_{Gk}+0.7\times1.4S_{Qk}$				
						左风	右风		左风	右风	左风	右风					
3	Ⓗ	柱顶	M/kN·m	25.91	8.75	-11.47	11.47	43.34	33.71	52.98	23.61	55.73	43.55		55.73	23.61	43.55
			N/kN	487.61	82.74	-4.41	4.41	700.97	697.26	704.67	660.04	672.39	739.36		672.39	660.04	739.36
		柱底	M/kN·m	26.05	8.27	-11.47	11.47	42.84	33.20	52.47	23.31	55.42	43.27		55.42	23.31	43.27
			N/kN	517.22	82.74	-4.41	4.41	736.50	732.80	740.20	695.58	707.92	779.33		707.92	695.58	779.33
	Ⓖ	柱顶	M/kN·m	-13.32	-4.16	-16.13	16.13	-21.81	-35.36	-8.26	-42.64	2.52	-22.06		-42.64	-42.64	-22.06
			N/kN	674.01	129.50	-12.81	12.81	990.11	979.35	1000.87	917.79	953.66	1036.82		917.79	917.79	1036.82
		柱底	M/kN·m	-11.36	-3.55	-16.13	16.13	-18.60	-32.15	-5.05	-39.69	5.47	-18.82		-39.69	-39.69	-18.82
			N/kN	703.62	129.50	-12.81	12.81	1025.64	1014.88	1036.40	953.32	989.19	1076.80		953.32	953.32	1076.80
	Ⓕ	柱顶	M/kN·m	2.49	0.77	-14.97	14.97	4.07	-8.51	16.64	-17.22	24.70	4.12		24.70	24.70	4.12
			N/kN	217.38	33.73	17.22	-17.22	308.08	322.54	293.61	318.02	269.80	326.52		269.80	269.80	326.52
		柱底	M/kN·m	2.49	0.77	-14.97	14.97	4.07	-8.51	16.64	-17.22	24.70	4.12		24.70	24.70	4.12
			N/kN	246.99	33.73	17.22	-17.22	343.61	358.07	329.15	353.55	305.34	366.49		305.34	305.34	366.49

续表 3-25

层数	柱	截面	内力	荷载种类				内力组合						$\lvert M\rvert_{max}$ 及相应的 N	N_{min} 及相应的 M	N_{max} 及相应的 M
				恒荷载	活荷载	风荷载		$1.2S_{Gk}+1.4S_{Qk}$	$1.2S_{Gk}+1.4S_{Qk}+0.6\times1.4S_{wk}$		$1.2S_{Gk}+0.7\times1.4S_{Qk}+1.4S_{wk}$		$1.35S_{Gk}+0.7\times1.4S_{Qk}$			
						左风	右风		左风	右风	左风	右风				
2	Ⓗ	柱顶	M/kN·m	26.50	8.41	−17.43	17.43	43.57	28.93	58.22	15.64	64.44	44.02	64.44	15.64	44.02
			N/kN	745.70	151.82	−10.08	10.08	1107.39	1098.92	1115.86	1029.51	1057.74	1155.48	1057.74	1029.51	1155.48
		柱底	M/kN·m	28.99	9.20	−17.43	17.43	47.67	33.03	62.31	19.40	68.21	48.15	68.21	19.40	48.15
			N/kN	775.31	151.82	−10.08	10.08	1142.92	1134.45	1151.39	1065.04	1093.27	1195.45	1093.27	1065.04	1195.45
	Ⓖ	柱顶	M/kN·m	−13.40	−4.19	−24.52	24.52	−21.95	−42.54	−1.35	−54.51	14.14	−22.20	−54.51	−54.51	−22.20
			N/kN	1037.29	237.26	−29.28	29.28	1576.91	1552.32	1601.51	1436.27	1518.25	1632.86	1436.27	1436.27	1632.86
		柱底	M/kN·m	−12.07	−3.77	−24.52	24.52	−19.76	−40.36	0.83	−52.51	16.15	−19.99	−52.51	−52.51	−19.99
			N/kN	1066.90	237.26	−29.28	29.28	1612.44	1587.85	1637.04	1471.80	1553.79	1672.83	1471.80	1471.80	1672.83
	Ⓕ	柱顶	M/kN·m	2.53	0.78	−22.75	22.75	4.13	−14.98	23.24	−28.05	35.65	4.18	−28.05	35.65	−14.98
			N/kN	316.59	61.85	39.36	−39.36	466.50	499.56	433.44	495.63	385.42	488.01	495.63	385.42	499.56
		柱底	M/kN·m	2.02	0.62	−22.75	22.75	3.29	−15.82	22.40	−28.82	34.88	3.33	34.88	34.88	−15.82
			N/kN	346.20	61.85	39.36	−39.36	502.03	535.09	468.97	531.16	420.95	527.98	420.95	420.95	535.09

续表 3-25

层数	柱	截面	内力	荷载种类				内力组合						$\vert M\vert_{max}$ 及相应的 N	N_{min} 及相应的 M	N_{max} 及相应的 M
				恒荷载	活荷载	风荷载		$1.2S_{Gk}+1.4S_{Qk}$	$1.2S_{Gk}+1.4S_{Qk}+0.6\times1.4S_{wk}$		$1.2S_{Gk}+0.7\times1.4S_{Qk}+1.4S_{wk}$		$1.35S_{Gk}+0.7\times1.4S_{Qk}$			
						左风	右风		左风	右风	左风	右风				
1	Ⓗ	柱顶	M/kN·m	15.64	4.96	−29.88	29.88	25.71	0.61	50.81	−18.20	65.46	25.97	65.46	−18.20	25.97
			N/kN	1002.77	220.57	−19.16	19.16	1512.12	1496.03	1528.22	1392.66	1446.31	1569.90	1446.31	1392.66	1569.90
		柱底	M/kN·m	7.82	2.48	−36.52	36.52	12.86	−17.82	43.53	−39.31	62.94	12.99	62.94	−39.31	12.99
			N/kN	1040.15	220.57	−19.16	19.16	1556.98	1540.88	1573.07	1437.51	1491.16	1620.36	1491.16	1437.51	1620.36
	Ⓖ	柱顶	M/kN·m	−7.99	−2.50	−36.84	36.84	−13.09	−44.03	17.86	−63.61	39.54	−13.24	−63.61	−63.61	−13.24
			N/kN	1402.90	345.75	−53.96	53.96	2167.53	2122.20	2212.86	1946.77	2097.86	2232.75	1946.77	1946.77	2232.75
		柱底	M/kN·m	−4.00	−1.25	−45.02	45.02	−6.55	−44.37	31.27	−69.05	57.00	−6.63	−69.05	−69.05	−6.63
			N/kN	1440.28	345.75	−53.96	53.96	2212.39	2167.06	2257.71	1991.63	2142.72	2283.21	1991.63	1991.63	2283.21
	Ⓕ	柱顶	M/kN·m	2.76	0.86	−35.20	35.20	4.52	−25.05	34.08	−45.13	53.43	4.57	−45.13	53.43	−45.13
			N/kN	414.49	89.55	73.12	−73.12	622.76	684.18	561.34	687.52	482.78	647.32	687.52	482.78	687.52
		柱底	M/kN·m	1.38	0.43	−43.02	43.02	2.26	−33.88	38.39	−58.15	62.31	2.28	62.31	62.31	−58.15
			N/kN	451.81	89.55	73.12	−73.12	667.54	728.96	606.12	732.30	527.56	697.70	527.56	527.56	732.30

表 3-26 横向框架柱内力组合（考虑地震作用组合）

层数	柱	截面	内力	荷载种类				内力计算					$\|M\|_{max}$ 及相应的 N	N_{min} 及相应的 M	N_{max} 及相应的 M
				恒荷载	活荷载	地震作用		S_{GE}	$1.0S_{GE}+1.3S_{Ek}$		$1.2S_{GE}+1.3S_{Ek}$				
						左向	右向		左向	右向	左向	右向			
4	Ⓗ	柱顶	M/kN·m	30.29	3.85	-36.28	36.28	32.22	-14.95	79.38	-8.51	85.82	85.82	-14.95	85.82
			N/kN	229.46	13.85	-7.12	7.12	236.39	227.13	245.64	274.41	292.92	292.92	227.13	292.92
		柱底	M/kN·m	27.05	6.56	-29.68	29.68	30.33	-8.25	68.91	-2.19	74.98	74.98	-8.25	74.98
			N/kN	259.07	13.85	-7.12	7.12	266.00	256.74	275.25	309.94	328.45	328.45	256.74	328.45
	Ⓖ	柱顶	M/kN·m	-13.65	-1.82	-50.03	50.03	-14.56	-79.60	50.48	-82.51	47.57	-82.51	-79.60	47.57
			N/kN	310.77	21.54	-20.67	20.67	321.54	294.67	348.41	358.98	412.72	358.98	294.67	412.72
		柱底	M/kN·m	-11.37	3.55	-41.75	41.75	-9.60	-63.87	44.68	-65.79	42.76	-65.79	-63.87	42.76
			N/kN	340.88	21.54	-20.67	20.67	351.65	324.78	378.52	395.11	448.85	395.11	324.78	448.85
	Ⓕ	柱顶	M/kN·m	2.77	0.15	-47.34	47.34	2.85	-58.70	64.39	-58.13	64.96	64.96	64.39	-58.13
			N/kN	118.20	5.63	27.79	-27.79	121.02	157.14	84.89	181.35	109.09	109.09	84.89	181.35
		柱底	M/kN·m	2.52	0.81	-38.73	38.73	2.93	-47.42	53.27	-46.84	53.86	53.86	53.27	-46.84
			N/kN	147.81	5.63	27.79	-27.79	150.63	186.75	114.50	216.88	144.62	144.62	114.50	216.88

续表 3-26

层数	柱	截面	内力	荷载种类				内力计算					$\lvert M\rvert_{max}$ 及相应的 N	N_{min} 及相应的 M	N_{max} 及相应的 M
				恒荷载	活荷载	地震作用		S_{GE}	$1.0S_{GE}+1.3S_{Ek}$		$1.2S_{GE}+1.3S_{Ek}$				
						左向	右向		左向	右向	左向	右向			
3	Ⓗ	柱顶	M/kN · m	25. 91	8. 75	-59. 55	59. 55	30. 29	-47. 13	107. 70	-41. 07	113. 76	113. 76	-47. 13	113. 76
			N/kN	487. 61	82. 74	-24. 64	24. 64	528. 98	496. 95	561. 01	602. 74	666. 81	666. 81	496. 95	666. 81
		柱底	M/kN · m	26. 05	8. 27	-59. 55	59. 55	30. 19	-47. 23	107. 60	-41. 19	113. 64	113. 64	-47. 23	113. 64
			N/kN	517. 22	82. 74	-24. 64	24. 64	558. 59	526. 56	590. 62	638. 28	702. 34	702. 34	526. 56	702. 34
	Ⓖ	柱顶	M/kN · m	-13. 32	-4. 16	-83. 77	83. 77	-15. 40	-124. 30	93. 50	-127. 38	90. 42	-127. 38	-124. 30	90. 42
			N/kN	674. 01	129. 50	-71. 51	71. 51	738. 76	645. 80	831. 72	793. 55	979. 48	793. 55	645. 80	979. 48
		柱底	M/kN · m	-11. 36	-3. 55	-83. 77	83. 77	-13. 14	-122. 04	95. 77	-124. 66	93. 14	-124. 66	-122. 04	93. 14
			N/kN	703. 62	129. 50	-71. 51	71. 51	768. 37	675. 41	861. 33	829. 08	1015. 01	829. 08	675. 41	1015. 01
	Ⓕ	柱顶	M/kN · m	2. 49	0. 77	-77. 71	77. 71	2. 88	-98. 15	103. 90	-97. 57	104. 47	104. 47	103. 90	-97. 57
			N/kN	217. 38	33. 73	96. 19	-96. 19	234. 25	359. 29	109. 20	406. 14	156. 05	156. 05	109. 20	406. 14
		柱底	M/kN · m	2. 49	0. 77	-77. 71	77. 71	2. 88	-98. 15	103. 90	-97. 57	104. 47	104. 47	103. 90	-97. 57
			N/kN	246. 99	33. 73	96. 19	-96. 19	263. 86	388. 90	138. 81	441. 67	191. 58	191. 58	138. 81	441. 67

续表 3-26

层数	柱	截面	内力	荷载种类				内力计算					$\|M\|_{max}$及相应的N	N_{min}及相应的M	N_{max}及相应的M
				恒荷载	活荷载	地震作用		S_{GE}	$1.0S_{GE}+1.3S_{Ek}$		$1.2S_{GE}+1.3S_{Ek}$				
						左向	右向		左向	右向	左向	右向			
2	Ⓗ	柱顶	M/kN·m	26.50	8.41	-77.97	77.97	30.71	-70.66	132.07	-64.52	138.21	138.21	-70.66	138.21
			N/kN	745.70	151.82	-53.64	53.64	821.61	751.88	891.34	916.20	1055.66	1055.66	751.88	1055.66
		柱底	M/kN·m	28.99	9.20	-77.97	77.97	33.59	-67.77	134.95	-61.05	141.67	141.67	-67.77	141.67
			N/kN	775.31	151.82	-53.64	53.64	851.22	781.49	920.95	951.73	1091.20	1091.20	781.49	1091.20
	Ⓖ	柱顶	M/kN·m	-13.40	-4.19	-109.69	109.69	-15.50	-158.09	127.10	-161.19	124.00	-161.19	-158.09	124.00
			N/kN	1037.29	237.26	-149.86	149.86	1155.92	961.10	1350.74	1192.29	1581.92	1192.29	961.10	1581.92
		柱底	M/kN·m	-12.07	-3.77	-109.69	109.69	-13.96	-156.55	128.64	-159.34	125.85	-159.34	-156.55	125.85
			N/kN	1066.90	237.26	-149.86	149.86	1185.53	990.71	1380.35	1227.82	1617.45	1227.82	990.71	1617.45
	Ⓕ	柱顶	M/kN·m	2.53	0.78	-101.76	101.76	2.92	-129.37	135.21	-128.78	135.79	135.79	135.21	-128.78
			N/kN	316.59	61.85	201.54	-201.54	347.52	609.52	85.51	679.02	155.02	155.02	85.51	679.02
		柱底	M/kN·m	2.02	0.62	-101.76	101.76	2.33	-129.96	134.62	-129.49	135.08	135.08	134.62	-129.49
			N/kN	346.20	61.85	201.54	-201.54	377.13	639.13	115.12	714.55	190.55	190.55	115.12	714.55

续表 3-26

层数	柱	截面	内力	荷载种类				内力计算					$\lvert M\rvert_{max}$ 及相应的 N	N_{min} 及相应的 M	N_{max} 及相应的 M
				恒荷载	活荷载	地震作用		S_{GE}	$1.0S_{GE}+1.3S_{Ek}$		$1.2S_{GE}+1.3S_{Ek}$				
						左向	右向		左向	右向	左向	右向			
1	Ⓗ	柱顶	M/kN·m	15.64	4.96	-109.51	109.51	18.12	-124.24	160.48	-120.62	164.11	164.11	-124.24	164.11
			N/kN	1002.77	220.57	-89.67	89.67	1113.06	996.48	1229.63	1219.10	1452.24	1452.24	996.48	1452.24
		柱底	M/kN·m	7.82	2.48	-133.85	133.85	9.06	-164.95	183.07	-163.13	184.88	184.88	-164.95	184.88
			N/kN	1040.15	220.57	-89.67	89.67	1150.44	1033.86	1267.01	1263.95	1497.09	1497.09	1033.86	1497.09
	Ⓖ	柱顶	M/kN·m	-7.99	-2.50	-135.01	135.01	-9.24	-184.75	166.27	-186.60	164.43	-186.60	-184.75	164.43
			N/kN	1402.90	345.75	-248.34	248.34	1575.78	1252.93	1898.62	1568.09	2213.77	1568.09	1252.93	2213.77
		柱底	M/kN·m	-4.00	-1.25	-165.02	165.02	-4.63	-219.15	209.90	-220.08	208.98	-220.08	-219.15	208.98
			N/kN	1440.28	345.75	-248.34	248.34	1613.16	1290.31	1936.00	1612.94	2258.63	1612.94	1290.31	2258.63
	Ⓕ	柱顶	M/kN·m	2.76	0.86	-129.01	129.01	3.19	-164.52	170.90	-163.89	171.54	171.54	170.90	-163.89
			N/kN	414.49	89.55	336.05	-336.05	459.27	896.13	22.40	987.98	114.25	114.25	22.40	987.98
		柱底	M/kN·m	1.38	0.43	-157.68	157.68	1.60	-203.39	206.58	-203.07	206.90	206.90	206.58	-203.07
			N/kN	451.81	89.55	336.05	-336.05	496.59	933.45	59.72	1032.77	159.04	159.04	59.72	1032.77

3.9 框架梁柱的设计

3.9.1 框架梁截面设计（以第三层为例）

3.9.1.1 正截面受弯承载力计算

考虑地震作用的影响，梁受弯时抗震承载调整系数 $\gamma_{RE}=0.75$。

ⒽⒼ跨中正弯矩按T形截面计算，支座负弯矩、正弯矩及ⒼⒻ跨中负弯矩均按矩形截面计算。

（1）梁ⒽⒼ跨中正弯矩作用下的配筋计算。

1）翼缘宽度的计算。

按计算跨度考虑：

$$b'_f=\frac{1}{3}l_0=\frac{1}{3}\times 7.2\ \text{m}=2.4\ \text{m}$$

按梁净距考虑：

$$b'_f=b+s_n=0.3\ \text{m}+3\ \text{m}=3.3\ \text{m}$$

故取 $b'_f=2.4$ m。

2）梁跨中按单筋T形截面计算：

$$h_0=h-a_s=800\ \text{mm}-40\ \text{mm}=760\ \text{mm},\ h'_f=100\ \text{mm}$$

$$\alpha_1 f_c b'_f h'_f\left(h_0-\frac{h'_f}{2}\right)=1.0\times 14.3\times 2400\times 100\times\left(760-\frac{100}{2}\right)\text{kN}\cdot\text{m}=2436.72\ \text{kN}\cdot\text{m}$$

$$>M=149.42\ \text{kN}$$

属于第一类T形截面。

$$a_s=\frac{\gamma_{RE}M}{\alpha_1 f_c b'_f h_0^2}=\frac{0.75\times 149.42\times 10^6}{1.0\times 14.3\times 2400\times 760^2}=0.0057$$

$$\xi=1-\sqrt{1-2a_s}=1-\sqrt{1-2\times 0.0057}=0.0057<\xi_b=0.518$$

$$A_s=\alpha_1 f_c b'_f\xi h_0/f_y=\frac{1.0\times 14.3\times 2400\times 0.0057\times 760}{360}\text{mm}^2=412.98\ \text{mm}^2$$

最小配筋率：

$$\rho_{min}=\{0.2\%,\ 45f_t/f_y\}_{max}=\{0.2\%,\ 45\times 1.43/360\}_{max}=0.2\%$$

$$A_s=412.98\ \text{mm}^2<\rho_{min}bh=0.2\%\times 300\times 800\ \text{mm}^2=480\ \text{mm}^2$$

故取 $A_s=480\ \text{mm}^2$，选配钢筋3⌀16，$A_s=603\ \text{mm}^2$。

（2）Ⓗ轴支座正弯矩作用下的配筋计算。

$$\alpha_s=\frac{\gamma_{RE}M}{\alpha_1 f_c b h_0^2}=\frac{0.75\times 71.26\times 10^6}{1.0\times 14.3\times 300\times 760^2}=0.0216$$

$$\xi=1-\sqrt{1-2a_s}=1-\sqrt{1-2\times 0.0216}=0.0218<\xi_b=0.518$$

$$A_s=\alpha_1 f_c b\xi h_0/f_y=\frac{1.0\times 14.3\times 300\times 0.0218\times 760}{360}\text{mm}^2=197.44\ \text{mm}^2$$

最小配筋率：

$$\rho_{\min} = \{0.2\%,\ 55f_t/f_y\}_{\max} = \{0.2\%,\ 55 \times 1.43/360\}_{\max} = \{0.2\%,\ 0.22\%\}_{\max} = 0.22\%$$

$$A_s = 197.44\ \text{mm}^2 < \rho_{\min}bh = 0.22\% \times 300 \times 800\ \text{mm}^2 = 528\ \text{mm}^2$$

故取 $A_s = 528\ \text{mm}^2$，选配钢筋 3⌀16，$A_s = 603\ \text{mm}^2$。

Ⓖ轴支座左侧及右侧，Ⓕ轴支座正弯矩作用下的计算过程与此相同，结果如表 3-27 所示。

（3）Ⓗ轴支座负弯矩作用下的配筋计算。

将Ⓗ轴支座正弯矩所配 3⌀16 作为受压钢筋，$a'_s = 40$ mm。

$$A_s = \frac{\gamma_{RE}M}{f_y(h_0 - a'_s)} = \frac{0.75 \times 157.16 \times 10^6}{360 \times (760 - 40)}\ \text{mm}^2 = 454.75\ \text{mm}^2$$

选配钢筋 3⌀16，$A_s = 603\ \text{mm}^2$。

Ⓖ轴支座左侧及右侧，Ⓕ轴支座负弯矩作用下的计算过程与此相同，结果如表 3-27 所示。

（4）ⒻⒺ梁跨中正弯矩作用下的配筋计算。

1）翼缘宽度的计算：

按计算跨度考虑：

$$b'_f = \frac{1}{3}l_0 = \frac{1}{3} \times 3\ \text{m} = 1\ \text{m}$$

按梁净距考虑：

$$b'_f = b + s_n = 0.3\ \text{m} + 6.3\ \text{m} = 6.6\ \text{m}$$

故取 $b'_f = 1$ m。

2）梁跨中按单筋 T 形截面计算：

$$h_0 = h - a_s = 800\ \text{mm} - 40\ \text{mm} = 760\ \text{mm},\quad h'_f = 100\ \text{mm}$$

$$\alpha_1 f_c b'_f h'_f\left(h_0 - \frac{h'_f}{2}\right) = 1.0 \times 14.3 \times 1000 \times 100 \times \left(760 - \frac{100}{2}\right)\ \text{kN}\cdot\text{m} = 1015.3\ \text{kN}\cdot\text{m}$$

$$> M = 51.63\ \text{kN}$$

属于第一类 T 形截面。

$$a_s = \frac{\gamma_{RE}M}{\alpha_1 f_c b'_f h_0^2} = \frac{0.75 \times 51.63 \times 10^6}{1.0 \times 14.3 \times 1000 \times 760^2} = 0.0047$$

$$\xi = 1 - \sqrt{1 - 2a_s} = 1 - \sqrt{1 - 2 \times 0.0047} = 0.0047 < \xi_b = 0.518$$

$$A_s = \alpha_1 f_c b'_f \xi h_0 / f_y = \frac{1.0 \times 14.3 \times 1000 \times 0.0047 \times 760}{360}\ \text{mm}^2 = 141.89\ \text{mm}^2$$

最小配筋率：

$$\rho_{\min} = \{0.2\%,\ 45f_t/f_y\}_{\max} = \{0.2\%,\ 45 \times 1.43/360\}_{\max} = \{0.2\%,\ 0.18\%\}_{\max} = 0.2\%$$

$$A_s = 141.89\ \text{mm}^2 < \rho_{\min}bh = 0.2\% \times 300 \times 800\ \text{mm}^2 = 480\ \text{mm}^2$$

故取 $A_s = 480\ \text{mm}^2$，选配钢筋 3⌀16，$A_s = 603\ \text{mm}^2$。

各控制截面处的配筋计算如表 2-27 所示。

3.9.1.2　斜截面受剪承载力设计值计算

根据“强剪弱弯”原则，需对框架梁剪力进行调整，结果如表 3-28 所示。

表 3-27 框架梁正截面受弯计算

层数	混凝土强度等级	跨	$b \times h$ /mm×mm	截面	一般组合内力		考虑地震作用组合内力		h_0 /mm	A_s /mm²	选配钢筋 /mm	实选面积 /mm²
					M /kN·m	V /kN	M /kN·m	V /kN				
3	C30	ⒼⒻ	300×800	左	-72.33	114.10	-157.16	106.45	760	454.75	3Φ16	603
							71.26	61.36		528.00	3Φ16	603
				中	141.05		149.42			480.00	3Φ16	603
				右	-107.98	-139.11	-129.37	-138.06		480.00	3Φ16	603
											3Φ16	
		ⒻⒺ	300×800	左	-97.56	82.68	-165.73	148.96		479.54	3Φ16	603
							32.37	-38.79		528.00	3Φ16	603
				中	36.82		51.63			480.00	3Φ16	603
				右	-27.50	-8.58	-130.77	-80.80		378.39	3Φ16	603
					23.70	26.64	127.83	95.59		528.00	3Φ16	603

注：抗震设计时，ⒹⒻ、ⒻⒺ梁端截面的底面和顶面纵向钢筋的比值，均大于0.3，满足《建筑抗震设计规范》（GB 50011—2010）中第6.3.3（2）条的要求。

表 3-28 框架梁剪力设计值计算

跨	净跨 l_n /m	$g_k+0.5q_k$ /kN	V_{Gb} ① /kN	M_b^l /kN·m	M_b^r /kN·m	$(M_b^l+M_b^r)/l_n$ /kN	组合内力 V ② /kN
ⒽⒼ	6.7	26.90	108.14	157.16	129.37	42.77	159.46
				71.26			
ⒼⒻ	2.5	13.85	20.78	165.73	130.77	118.60	163.10
				32.37	127.83		

① $V_{Gb} = 1.2 \times \frac{1}{2} \times l_n \times (g_k + 0.5q_k)$；

② $V = \frac{\eta_{vb}(M_b^l + M_b^r)}{l_n} + V_{Gb}$，$\eta_{vb} = 1.1$。

（1）框架梁受剪截面的验算。

ⒽⒼ梁跨高比：$l_0/h = 7.2/0.8 = 9 > 2.5$，$\gamma_{RE} = 0.85$。

$$V \leqslant \frac{1}{\gamma_{RE}} 0.2\beta_c f_c b h_0 = \frac{1}{0.85} \times 0.2 \times 1.0 \times 14.3 \times 300 \times 760 = 767.15\ \text{kN}$$，满足要求。

ⒼⒻ梁跨高比：$l_0/h = 3/0.8 = 3.75 > 2.5$，$\gamma_{RE} = 0.85$。

$$V \leqslant \frac{1}{\gamma_{RE}} 0.2\beta_c f_c b h_0 = \frac{1}{0.85} \times 0.2 \times 1.0 \times 14.3 \times 300 \times 760 = 767.15\ \text{kN}$$，满足要求。

框架梁斜截面受剪配筋计算如表3-29所示。

ⒽⒼ、ⒼⒻ梁端箍筋的最大间距：$\left\{8d,\ \frac{1}{4}h_b,\ 100\ \text{mm}\right\}_{min} = \left\{8\times16\ \text{mm},\ \frac{1}{4}\times800\ \text{mm},\ 100\ \text{mm}\right\}_{min} = 100\ \text{mm}$，所取 $s = 100$ mm。

（2）梁端箍筋加密区长度。

ⒽⒼ和ⒼⒻ梁：$l = \{1.5h,\ 500\ \text{mm}\}_{max} = \{1.5 \times 800\ \text{mm},\ 500\ \text{mm}\}_{max} = 1200\ \text{mm}$。

箍筋最小直径：$d = 8$ mm。

表 3-29 框架梁斜截面受剪计算

项目	ⒽⒼ梁	ⒼⒻ梁
V/kN	159.46	163.10
h_0/mm	760	760
$0.2\beta_c f_c b h_0/\gamma_{RE}$	767.15	767.15
$0.42 f_t b h_0$/kN	136.94	136.94
A_{sv}/s/$mm^2 \cdot mm^{-1}$	0.11	0.13
加密区箍筋最大间距/mm	100	100
加密区箍筋实际间距/mm	100	100
加密区实配箍筋	2 ⌀ 8@100	2 ⌀ 8@100
箍筋加密区长度/mm	1200	1200
非加密区实配箍筋	2 ⌀ 8@200	2 ⌀ 8@200

（3）箍筋最大间距。

ⒽⒼ、ⒼⒻ梁：

$$\left\{8d,\ \frac{1}{4}h_b,\ 150\ \text{mm}\right\}_{min} = \left\{8 \times 16\ \text{mm},\ \frac{1}{4} \times 800\ \text{mm},\ 100\ \text{mm}\right\}_{min} = 100\ \text{mm}$$

加密区箍筋配置为：选双肢箍 2ϕ8@100。

复核最小配筋率：

$$\rho_{sv} = \frac{A_{sv}}{bs} = \frac{2 \times 50.3}{300 \times 100} = 0.33\% > 0.26 f_t/f_{yv} = 0.26 \times 1.43/360 = 0.103\%$$

（4）非加密区箍筋的间距。

ⒽⒼ和ⒼⒻ梁：取 $s = 200\ \text{mm} < 2s_b = 2 \times 128\ \text{mm} = 256\ \text{mm}$

（5）框架梁纵筋的锚固长度。

由《混凝土结构设计规范》(GB 50010—2010) 第 8.3.1 条可知，普通钢筋的基本锚固长度为：

$$l_{ab} = \alpha \frac{f_y}{f_t} d$$

三级抗震框架纵筋的锚固长度为：

$$l_{aE} = \xi_{aE} l_a = 1.05 \times 0.14 \times \frac{360}{1.43} \times 16\ \text{mm} = 592\ \text{mm}$$，具体尺寸详见结构施工图。

3.9.2 框架柱截面设计

3.9.2.1 轴压比验算

轴压比验算如表 3-30 所示，从计算结果看均满足规范要求。

表 3-30 柱的轴压比验算

层	柱	$b \times h$/mm×mm	N_{max}/kN	H_n/m	$\lambda = H_n/(2h_0)$	[μ]	$N_{max}/(f_c bh)$	γ_{RE}
4	H	500×500	363.32	3.4	3.70	0.85	0.10	0.75
	G	500×500	481.30	3.4	3.70	0.85	0.13	0.75
	F	500×500	216.88	3.4	3.70	0.85	0.06	0.75
3	H	500×500	779.32	3.4	3.70	0.85	0.22	0.85
	G	500×500	1076.80	3.4	3.70	0.85	0.30	0.85
	F	500×500	441.62	3.4	3.70	0.85	0.12	0.80
2	H	500×500	1195.45	3.4	3.70	0.85	0.33	0.80
	G	500×500	1672.83	3.4	3.70	0.85	0.47	0.80
	F	500×500	714.55	3.4	3.70	0.85	0.20	0.80
1	H	500×500	1620.36	4.5	4.89	0.85	0.45	0.80
	G	500×500	2283.21	4.5	4.89	0.85	0.64	0.80
	F	500×500	1032.77	4.5	4.89	0.85	0.29	0.80

3.9.2.2 柱端弯矩的调整

依据《建筑抗震设计规范（2016年版)》(GB 50011—2010）中第6.2.2条的规定，有目的地增大柱端弯矩设计值，体现“强柱弱梁”的设计概念。

依据《建筑抗震设计规范（2016年版)》(GB 50011—2010）中第6.2.3条的规定，对框架结构的底层，柱下端弯矩设计值乘以增大系数，以加强底层柱下端的实际受弯承载力，推迟塑性铰的出现。

3.9.2.3 框架柱正截面承载力计算

柱的同一截面分别承受正反向弯矩，故采用对称配筋。

依据《建筑抗震设计规范（2016年版)》(GB 50011—2010）中第6.2.2条的规定，一、二、三、四级框架的梁柱节点处，除框架顶层和柱轴压比小于0.15者及框架梁与框支柱的节点外，柱端组合的弯矩设计值应符合：

$$\sum M_c = \eta_c \sum M_b$$

式中 $\sum M_c$——节点上下柱端截面顺时针或逆时针方向组合的弯矩设计值之和，上下柱端的弯矩设计值，可按弹性分析分配；

$\sum M_b$——节点左右梁端截面顺时针或逆时针组合的弯矩设计值之和；

η_c——框架柱端弯矩增大系数，对框架结构，一、二、三、四级可分别取1.7、1.5、1.3、1.2，计算结果如表3-31、表3-32所示。

表 3-31 Ⓗ轴和Ⓕ轴柱端组合的弯矩设计值调整

轴线		柱上端 /kN·m	柱下端 /kN·m	梁端弯矩 /kN·m	梁端弯×1.3 /kN·m	调整后柱上端 /kN·m	调整后柱下端 /kN·m
H	二层	113.64	138.21	217.13	325.70	146.96	178.73
	一层	141.67	164.11	270.14	405.21	187.74	217.47
F	一层	135.08	171.54	260.05	390.08	171.85	218.23

表 3-32 Ⓖ轴柱端组合的弯矩设计值调整

轴线		柱上端 /kN·m	柱下端 /kN·m	梁左端弯矩 /kN·m	梁右端弯矩 /kN·m	(梁左+梁右)×1.3 /kN·m	调整后柱上端 /kN·m	调整后柱下端 /kN·m
G	二层	124.66	161.19	152.31	217.19	554.25	241.71	312.54
	一层	159.34	186.60	167.92	259.19	640.67	295.09	345.57

三级框架结构的底层，柱下端截面组合的弯矩设计值，应乘以增大系数 1.3。

依据《混凝土结构设计规范》(GB 50010—2010) 第 6.2.20 条表 6.2.20-2，框架结构各层柱的计算长度：现浇楼盖中，底层柱 $l_0 = 1.0H$，其余各层柱 $l_0 = 1.25H$，H 为底层柱从基础顶面到一层楼盖顶面的高度；对其余各层柱为上下两层楼盖顶面之间的高度。

$$h_0 = h - a_s = 500\ \text{mm} - 40\ \text{mm} = 460\ \text{mm}$$

$$N_b = \alpha_1 f_c b h_0 \xi_b = 1.0 \times 14.3 \times 500 \times 460 \times 0.518\ \text{kN} = 1703.70\ \text{kN}$$

$N < N_b$ 时为大偏心受压破坏；$N > N_b$ 时为小偏心受压破坏。

依据《混凝土结构设计规范》(GB 50010—2010) 第 6.2.4 条，对于偏心受压构件，考虑轴向压力在挠曲杆件中产生的二阶效应后控制截面的弯矩设计值（绝对值较大端弯矩为 M_2，较小端弯矩为 M_1）。

$$e_0 = M_2/N_2$$

$$e_a = \left\{20,\ \frac{h}{30}\right\}_{\max} = 20\ \text{mm}$$

$$e_i = e_0 + e_a$$

构件端截面偏心距调节系数 $C_m = 0.7 + 0.3\dfrac{M_1}{M_2}$，当小于 0.7 时取 0.7。

截面曲率修正系数 $\zeta_c = 0.5 f_c A/N$，当计算值大于 1.0 时取 1.0。

弯矩增大系数 $\eta_{ns} = 1 + \dfrac{1}{1300(M_2/N + e_a)/h_0}\left(\dfrac{l_0}{h}\right)^2 \zeta_c$，$l_0$ 为构件的计算长度。

故 $M = C_m \eta_{ns} M_2$，当 $C_m \eta_{ns}$ 小于 1.0 时，取 1.0。

$$e = e_i + h/2 - a_s$$

$$e' = e_i - h/2 + a_s$$

由 $N = \alpha_1 f_c b \xi h_0$，得 $\xi = \dfrac{N}{\alpha_1 f_c b h_0}$，且 $\xi \leqslant \xi_b = 0.518$。

$$x=\xi h_0>2a'_s\text{时}，A_s=A'_s=\frac{\gamma_{RE}Ne-\alpha_1 f_c bx\left(h_0-\dfrac{x}{2}\right)}{f'_y(h_0-a'_s)}$$

$$x=\xi h_0<2a'_s\text{时}，A_s=A'_s=\frac{\gamma_{RE}Ne'}{f'_y(h_0-a'_s)}$$

依据《混凝土结构设计规范》（GB 50010—2010）第6.2.7条规定，三级抗震等级的框架结构中柱和边柱，钢筋强度标准值为400 MPa时，柱截面纵向钢筋的最小值纵配筋率为0.75%；柱总配筋率不应大于5%。

故

$$0.75\%bh=0.75\%\times500\times500\ \text{mm}^2=1875\ \text{mm}^2\leqslant A_s+A'_s\leqslant5\%bh$$
$$=5\%\times500\times500\ \text{mm}^2=12500\ \text{mm}^2$$

且

$$A_{s,\min}(A'_{s,\min})\geqslant0.2\%bh=0.2\%\times500\times500\ \text{mm}^2=500\ \text{mm}^2$$

垂直于受力面内的配筋根据构造要求，每侧实配2⌀14。

框架柱正截面承载力计算如表3-33、表3-34及表3-35所示。

3.9.2.4 框架柱斜截面承载力计算

（1）框架柱最不利剪力计算。根据“强剪弱弯”原则，对柱端剪力进行调整，计算结果如表3-36所示。

（2）截面尺寸的验算。各柱的剪跨比均大于2，对于三级框架应满足：

$$V_c\leqslant\frac{1}{\gamma_{RE}}(0.2f_c bh_0)$$

$$\frac{1}{\gamma_{RE}}(0.2f_c bh_0)=\frac{1}{0.85}\times(0.2\times14.3\times500\times460)\ \text{kN}$$
$$=773.88\ \text{kN}>V_{c,\max}=122.56\ \text{kN}$$

均满足要求。

（3）斜截面承载力计算。由于柱的反弯点在层高范围内，$\lambda=\dfrac{H_n}{2h_0}=\dfrac{3.4\ \text{m}}{2\times0.46\ \text{m}}=3.70$，取$\lambda=3.0$。

$$N=1471.80\ \text{kN}>0.3f_cA=0.3\times14.3\times500^2\times10^{-3}\ \text{kN}=1072.5\ \text{kN}$$

故取$N=1072.5$ kN。

$$V=\frac{1.75}{1+\lambda}f_t bh_0+0.07N=\frac{1.75}{1+3.0}\times1.43\times500\times460\ \text{kN}+0.07\times1072.5\ \text{kN}=143.97\ \text{kN}$$
$$>\gamma_{RE}V_c=0.85\times122.56\ \text{kN}=104.18\ \text{kN}$$

取四肢箍⌀8，$A_{sv}=50.3\ \text{mm}^2$，$s=200$ mm。

1）柱端加密区：

$$s\leqslant\{8d,\ 150\}_{\min}=\{8\times22,\ 150\}_{\min}=150\ \text{mm}$$

取$s=100$ mm，选用4⌀8。

2）非柱端加密区：

$$s=200\ \text{mm}<15d=15\times22\ \text{mm}=330\ \text{mm}\text{，选用}4⌀8$$

表 3-33 框架柱正截面压弯承载力矩 $|M|_{max}$

柱	层	混凝土强度	$b \times h$ /mm×mm	l_c /m	l_0/h	截面	一般组合 M_{max} /kN·m	一般组合 N /kN	地震组合内力 M_{max} /kN·m	地震组合内力 N /kN	组合内力 $\gamma_{RE}M_{max}$ /kN·m	组合内力 $\gamma_{RE}N$ /kN	考虑二阶效率影响 C_m	e_0 /mm	e_a /mm	e_i /mm	e_i/h_0	ζ_c	η_{ns}	$C_m\eta_{ns}$	M	e /mm	e' /mm	$N-N_s$ /kN	破坏类型	大偏压 ξ	$x-2a'_s$	$A_s=A'_s$ $(x \leq 2a'_s)$ /mm²	$A_s=A'_s$ $(x \geq 2a'_s)$ /mm²	选用钢筋
Ⓗ	4	C30	500×500	5.25	10.5	顶	48.61	290.59	85.82	292.92	64.37	219.69	0.96	292.98	20	312.98	0.68	1.0	1.12	1.08	69.64	522.98	102.98	<0	大偏压	0.099	-34.39	149.63		4⌀18
						底	45.82	326.12	74.98	328.45	56.24	246.34																		
	3		500×500	5.25	10.5	顶	55.73	672.39	113.76	666.81	96.70	566.79	1.00	170.60	20	190.60	0.41	1.0	1.20	1.20	116.45	400.60	-19.40	<0	大偏压	0.215	19.01		-420.24	4⌀18
						底	55.42	707.92	113.64	702.34	96.59	596.99																		
	2		500×500	5.25	10.5	顶	64.44	1057.74	138.21	1055.66	117.48	897.31	0.99	129.83	20	149.83	0.33	1.0	1.26	1.25	150.66	359.83	-60.17	<0	大偏压	0.332	72.90		-565.95	4⌀18
						底	68.21	1093.27	141.67	1091.20	120.42	927.52																		
	1		500×500	5.3	10.6	顶	65.46	1446.31	164.11	1452.24	139.49	1234.40	0.97	123.49	20	143.49	0.31	1.0	1.28	1.23	193.93	353.49	-66.51	<0	大偏压	0.453	128.55		-533.14	4⌀18
						底	62.94	1491.16	184.88	1497.09	157.15	1272.53																		

续表 3-33

柱	层	混凝土强度	$b\times h$ /mm×mm	l_c /m	l_0/h	截面	一般组合		地震组合内力		组合内力		考虑二阶效率影响									e /mm	e' /mm	$N-N_s$ /kN	破坏类型	大偏压 ξ	$x-2a'_s$	$A_s=A'_s$ $(x\leqslant 2a'_s)$ /mm²	$A_s=A'_s$ $(x\geqslant 2a'_s)$ /mm²	选用钢筋
							M_{max} /kN·m	N /kN	M_{max} /kN·m	N /kN	$\gamma_{RE}M_{max}$ /kN·m	$\gamma_{RE}N$ /kN	C_m	e_0 /mm	e_a /mm	e_i /mm	e_i/h_0	ζ_c	η_{ns}	$C_m\eta_{ns}$	M									
©	4	C30	500×500	5.25	10.5	顶	-30.09	389.20	-82.51	358.98	-61.88	269.24	0.94	229.85	20	249.85	0.54	1.0	1.16	1.09	67.20	459.85	39.85	<0	大偏压	0.129	-20.51	70.95		4⌀18
						底	-19.92	425.34	-65.79	395.11	-49.34	296.33																		
	3		500×500	5.25	10.5	顶	-42.64	917.79	-127.38	793.55	-108.27	674.52	0.99	160.52	20	180.52	0.39	1.0	1.22	1.21	130.83	390.52	-29.48	<0	大偏压	0.290	53.33		-659.84	4⌀18
						底	-39.69	953.32	-124.66	829.08	-105.96	704.72																		
	2		500×500	5.25	10.5	顶	-54.51	1436.27	-161.19	1192.29	-137.01	1013.45	1.00	129.77	20	149.77	0.33	1.0	1.26	1.26	172.10	359.77	-60.23	<0	大偏压	0.447	125.85		-992.51	4⌀18
						底	-52.51	1471.80	-159.34	1227.82	-135.44	1043.65																		
	1		500×500	5.3	10.6	顶	-63.61	1946.77	-186.60	1568.09	-158.61	1332.88	0.95	136.45	20	156.45	0.34	1.0	1.25	1.20	223.90	366.45	-53.55	287.93	小偏压	0.518	158.28		-518.03	4⌀18
						底	-69.05	1991.63	-220.08	1612.94	-187.07	1371.00																		

续表 3-33

柱	层	混凝土强度	$b\times h$ /mm×mm	l_c /m	l_0/h	截面	一般组合		地震组合内力		组合内力		考虑二阶效率影响									e /mm	e' /mm	$N-N_s$ /kN	破坏类型	大偏压 ξ	$x-2a'_s$	$A_s=A'_s$ $(x\leqslant 2a'_s)$ /mm²	$A_s=A'_s$ $(x\geqslant 2a'_s)$ /mm²	选用钢筋
							M_{max} /kN·m	N /kN	M_{max} /kN·m	N /kN	$\gamma_{RE}M_{max}$ /kN·m	$\gamma_{RE}N$ /kN	C_m	e_0 /mm	e_a /mm	e_i /mm	e_i/h_0	ζ_c	η_{ns}	$C_m\eta_{ns}$	M									
Ⓕ	4	C30	500×500	5.25	10.5	顶	14.52	140.86	64.96	109.09	48.72	81.82	0.95	345.88	20	365.88	0.80	1.0	1.11	1.05	51.15	575.88	155.88	<0	大偏压	0.054	-55.33	84.35		4⌀18
						底	12.88	176.39	53.86	144.62	40.40	108.47																		
	3		500×500	5.25	10.5	顶	24.70	269.80	104.47	156.05	88.80	132.64	1.00	329.13	20	349.13	0.76	1.0	1.11	1.11	98.72	559.13	139.13	<0	大偏压	0.093	-37.30	122.05		4⌀18
						底	24.70	305.34	104.47	191.58	88.80	162.84																		
	2		500×500	5.25	10.5	顶	35.65	385.42	135.79	155.02	115.42	131.77	1.00	299.47	20	319.47	0.69	1.0	1.12	1.12	129.72	529.47	109.47	<0	大偏压	0.128	-21.13	95.40		4⌀18
						底	34.88	420.95	135.08	190.55	114.82	161.97																		
	1		500×500	5.3	10.6	顶	53.43	482.78	171.54	114.25	145.81	97.11	0.95	333.36	20	353.36	0.77	1.0	1.11	1.06	185.62	563.36	143.36	<0	大偏压	0.160	-6.22	128.17		4⌀18
						底	62.31	527.56	206.90	159.04	175.87	135.18																		

表 3-34 框架柱正截面压弯承载力 $|N|_{max}$

柱	层	混凝土强度	$b \times h$ /mm×mm	l_c /m	l_0/h	截面	一般组合		地震组合内力		组合内力		考虑二阶效率影响									e /mm	e' /mm	$N-N_s$ /kN	破坏类型	大偏压 ξ	$x-2b'_S$	$A_s=A'_s$ $(x \leq 2a'_s)$ /mm²	$A_s=A'_s$ $(x \geq 2b'_s)$ /mm²	选用钢筋
							M_{max} /kN·m	N /kN	M_{max} /kN·m	N /kN	$\gamma_{RE}M_{max}$ /kN·m	$\gamma_{RE}N$ /kN	C_m	e_0 /mm	e_a /mm	e_i /mm	e_i/h_0	ζ_c	η_{ns}	$C_m\eta_{ns}$	M									
Ⓗ	4	C30	500×500	5.25	10.5	顶	44.66	323.34	85.82	292.92	64.37	219.69	0.96	292.98	20	312.98	0.68	1.0	1.12	1.08	69.64	522.98	102.98	<0	大偏压	0.110	-29.19	149.63		4⌀20
						底	42.95	363.32	74.98	328.45	56.24	246.34																		
	3		500×500	5.25	10.5	顶	43.55	739.36	113.76	666.81	85.32	500.11	0.93	170.60	20	190.60	0.41	1.0	1.20	1.12	95.82	400.60	-19.40	<0	大偏压	0.237	29.00		-765.04	4⌀20
						底	43.27	779.33	146.96	702.34	110.22	526.76																		
	2		500×500	5.25	10.5	顶	44.02	1155.48	178.73	1055.66	134.05	791.75	0.99	172.05	20	192.05	0.42	1.0	1.20	1.19	166.97	402.05	-17.95	<0	大偏压	0.363	87.20		-870.70	4⌀20
						底	48.15	1195.45	187.74	1091.20	140.81	818.40																		
	1		500×500	5.3	10.6	顶	25.97	1569.90	217.47	1452.24	163.10	1089.18	0.94	185.24	20	205.24	0.45	1.0	1.19	1.12	232.21	415.24	-4.76	<0	大偏压	0.493	146.62		-724.13	4⌀20
						底	12.99	1620.36	277.32	1497.09	207.99	1122.82																		

续表 3-34

柱	层	混凝土强度	$b \times h$ /mm×mm	l_c /m	l_0/h	截面	一般组合		地震组合内力		组合内力		考虑二阶效率影响									e /mm	e' /mm	$N-N_s$ /kN	破坏类型	大偏压 ξ	$x-2b'_S$	$A_s=A'_s$ $(x \leq 2a'_s)$ /mm²	$A_s=A'_s$ $(x \geq 2b'_s)$ /mm²	选用钢筋
							M_{max} /kN·m	N /kN	M_{max} /kN·m	N /kN	$\gamma_{RE}M_{max}$ /kN·m	$\gamma_{RE}N$ /kN	C_m	e_0 /mm	e_a /mm	e_i /mm	e_i/h_0	ζ_c	η_{ns}	$C_m\eta_{ns}$	M									
©	4	C30	500×500	5.25	10.5	顶	-20.21	440.65	47.57	412.72	38.06	330.18	0.97	115.26	20	135.26	0.29	1.0	1.29	1.25	47.54	345.26	-74.74	<0	大偏压	0.146	-12.69	-163.21		4Φ20
						底	-11.87	481.30	42.76	448.85	34.21	359.08																		
	3		500×500	5.25	10.5	顶	-22.06	1036.82	90.42	979.48	72.34	783.58	0.99	91.76	20	111.76	0.24	1.0	1.35	1.34	99.64	321.76	-98.24	<0	大偏压	0.327	70.60		-1072.20	4Φ20
						底	-18.82	1076.80	93.14	1015.01	74.51	812.01																		
	2		500×500	5.25	10.5	顶	-20.20	1632.86	124.00	1581.92	99.20	1265.54	1.00	77.81	20	97.81	0.21	1.0	1.40	1.39	140.22	307.81	-112.19	<0	大偏压	0.498	149.07		-1165.83	4Φ20
						底	-19.99	1637.83	125.85	1617.45	100.68	1293.96																		
	1		500×500	5.3	10.6	顶	-13.24	2232.75	164.43	2213.77	131.54	1771.02	0.94	92.53	20	112.53	0.24	1.0	1.35	1.27	211.78	322.53	-97.47	579.51	小偏压	0.518	158.28		-63.01	4Φ20
						底	-6.63	2283.21	208.98	2258.63	167.18	1806.90																		

续表 3-34

柱	层	混凝土强度	$b\times h$ /mm×mm	l_c /m	l_0/h	截面	一般组合 M_{max} /kN·m	一般组合 N /kN	地震组合内力 M_{max} /kN·m	地震组合内力 N /kN	组合内力 $\gamma_{RE}M_{max}$ /kN·m	组合内力 $\gamma_{RE}N$ /kN	考虑二阶效率影响 C_m	e_0 /mm	e_a /mm	e_i /mm	e_i/h_0	ζ_c	η_{ns}	$C_m\eta_{ns}$	M	e /mm	e' /mm	$N-N_s$ /kN	破坏类型	大偏压 ξ	$x-2b'_S$	$A_s=A'_s$ $(x\leqslant 2a'_s)$ /mm²	$A_s=A'_s$ $(x\geqslant 2b'_s)$ /mm²	选用钢筋
Ⓕ	4	C30	500×500	5.25	10.5	顶	3.89	165.09	-58.13	181.35	-46.50	145.08	0.94	320.54	20	340.54	0.74	1.0	1.11	1.05	-48.81	550.54	130.54	<0	大偏压	0.062	-51.32	125.26		4Φ20
						底	4.20	205.06	-46.84	216.88	-37.47	173.50																		
	3		500×500	5.25	10.5	顶	4.12	326.52	-97.57	406.14	-78.06	324.91	1.00	220.91	20	240.91	0.52	1.0	1.16	1.16	-90.70	450.91	30.91	<0	大偏压	0.111	-28.74	66.43		4Φ20
						底	4.12	366.49	-97.57	441.67	-78.06	353.34																		
	2		500×500	5.25	10.5	顶	-14.98	499.56	-128.78	679.02	-103.02	543.22	1.00	181.22	20	201.22	0.44	1.0	1.19	1.19	-123.47	411.22	-8.78	<0	大偏压	0.163	-5.16	-31.55		4Φ20
						底	-15.82	535.09	-129.49	714.55	-103.59	571.64																		
	1		500×500	5.3	10.6	顶	-43.13	687.52	-163.89	987.98	-131.11	790.38	0.94	196.63	20	216.63	0.47	1.0	1.18	1.12	-181.14	426.63	6.63	<0	大偏压	0.223	22.42		250.28	4Φ20
						底	-58.15	732.30	-203.07	1032.77	-162.46	826.22																		

表 3-35 框架柱正截面压弯承载力 $|N|_{min}$

柱	层	混凝土强度	$b \times h$ /mm×mm	l_c /m	l_0/h	截面	一般组合		地震组合内力		组合内力		考虑二阶效率影响									e /mm	e' /mm	$N-N_s$ /kN	破坏类型	大偏压 ξ	$x-2b'_S$	$A_s=A'_s$ $(x \leqslant 2a'_s)$ /mm²	$A_s=A'_s$ $(x \geqslant 2b'_s)$ /mm²	选用钢筋
							M_{max} /kN·m	N /kN	M_{max} /kN·m	N /kN	$\gamma_{RE}M_{max}$ /kN·m	$\gamma_{RE}N$ /kN	C_m	e_0 /mm	e_a /mm	e_i /mm	e_i/h_0	ζ_c	η_{ns}	$C_m\eta_{ns}$	M									
Ⓗ	4	C30	500×500	5.25	10.5	顶	31.64	287.26	-14.95	227.13	-11.21	170.35	0.87	65.82	20	85.82	0.19	1.0	1.45	1.26	-14.12	295.82	-124.18	<0	大偏压	0.098	-34.85	-139.90		4⌀22
						底	31.96	322.79	-8.25	256.74	-6.19	192.56																		
	3		500×500	5.25	10.5	顶	23.61	660.04	-47.13	496.95	-37.70	397.56	1.00	89.70	20	109.70	0.24	1.0	1.36	1.35	-51.19	319.70	-100.30	<0	大偏压	0.211	17.28		-1051.81	4⌀22
						底	23.31	695.58	-47.23	526.56	-37.78	421.25																		
	2		500×500	5.25	10.5	顶	15.64	1029.51	-70.66	751.88	-56.53	601.50	0.99	93.98	20	113.98	0.25	1.0	1.34	1.33	-74.95	323.98	-96.02	<0	大偏压	0.324	68.96		-1426.73	4⌀22
						底	19.40	1065.04	-67.77	781.49	-54.22	625.19																		
	1		500×500	5.3	10.6	顶	-18.20	1392.66	-124.24	996.48	-99.39	797.18	0.93	159.55	20	179.55	0.39	1.0	1.22	1.13	-149.25	389.55	-30.45	<0	大偏压	0.437	121.05		-1363.81	4⌀22
						底	-39.31	1437.51	-164.95	1033.86	-131.96	827.09																		

续表 3-35

柱	层	混凝土强度	$b\times h$ /mm×mm	l_c /m	l_0/h	截面	一般组合		地震组合内力		组合内力		考虑二阶效率影响									e /mm	e' /mm	$N-N_s$ /kN	破坏类型	大偏压 ξ	$x-2b'_S$	$A_s=A'_s$ $(x\leqslant 2a'_s)$ /mm^2	$A_s=A'_s$ $(x\geqslant 2b'_s)$ /mm^2	选用钢筋
							M_{max} /kN·m	N /kN	M_{max} /kN·m	N /kN	$\gamma_{RE}M_{max}$ /kN·m	$\gamma_{RE}N$ /kN	C_m	e_0 /mm	e_a /mm	e_i /mm	e_i/h_0	ζ_c	η_{ns}	$C_m\eta_{ns}$	M									
©	4	C30	500×500	5.25	10.5	顶	-30.09	389.20	-79.60	294.67	-59.70	221.00	0.94	270.13	20	290.13	0.63	1.0	1.13	1.07	-63.71	500.13	80.13	<0	大偏压	0.129	-20.51	117.13		4⌀22
						底	-19.92	425.34	-63.87	324.78	-47.90	243.59																		
	3		500×500	5.25	10.5	顶	-42.64	917.79	-124.30	645.80	-99.44	516.64	0.99	180.69	20	200.69	0.44	1.0	1.19	1.19	-118.12	410.69	-9.31	<0	大偏压	0.290	53.33		-1076.68	4⌀22
						底	-39.69	953.32	-122.04	675.41	-97.63	540.33																		
	2		500×500	5.25	10.5	顶	-54.51	1436.27	-158.09	961.10	-126.47	768.88	1.00	158.02	20	178.02	0.39	1.0	1.22	1.22	-153.74	388.02	-31.98	<0	大偏压	0.447	125.85		-1502.69	4⌀22
						底	-52.51	1471.80	-156.55	990.71	-125.24	792.57																		
	1		500×500	5.3	10.6	顶	-63.05	1946.77	-184.75	1252.93	-147.80	1002.34	0.95	169.84	20	189.84	0.41	1.0	1.21	1.15	-202.05	399.84	-20.16	287.93	小偏压	0.518	158.28		-1190.10	4⌀22
						底	-69.05	1991.63	-219.15	1290.31	-175.32	1032.25																		

续表 3-35

柱	层	混凝土强度	$b \times h$ /mm×mm	l_c /m	l_0/h	截面	一般组合		地震组合内力		组合内力		考虑二阶效率影响									e /mm	e' /mm	$N-N_s$ /kN	破坏类型	大偏压 ξ	$x-2b'_S$	$A_s=A'_s$ $(x \leq 2a'_s)$ /mm²	$A_s=A'_s$ $(x \geq 2b'_s)$ /mm²	选用钢筋
							M_{max} /kN·m	N /kN	M_{max} /kN·m	N /kN	$\gamma_{RE}M_{max}$ /kN·m	$\gamma_{RE}N$ /kN	C_m	e_0 /mm	e_a /mm	e_i /mm	e_i/h_0	ζ_c	η_{ns}	$C_m\eta_{ns}$	M									
Ⓕ	4	C30	500×500	5.25	10.5	顶	14.86	140.86	64.39	84.89	48.29	63.67	0.95	758.51	20	778.51	1.69	1.0	1.05	1.00	48.09	988.51	568.51	<0	大偏压	0.054	-55.33	239.39		4⌀22
						底	12.88	176.39	53.27	114.50	39.95	85.88																		
	3		500×500	5.25	10.5	顶	24.70	269.80	103.90	109.20	83.12	87.36	1.00	748.51	20	768.51	1.67	1.0	1.05	1.05	87.34	978.51	558.51	<0	大偏压	0.093	-37.30	322.69		4⌀22
						底	24.70	305.34	103.90	138.81	83.12	111.05																		
	2		500×500	5.25	10.5	顶	35.65	385.42	135.21	85.51	108.17	68.41	1.00	1169.39	20	1189.39	2.59	1.0	1.03	1.03	111.57	1399.39	979.39	<0	大偏压	0.128	-21.13	443.11		4⌀22
						底	34.88	420.95	134.62	115.12	107.70	92.10																		
	1		500×500	5.3	10.6	顶	53.43	482.78	170.90	22.40	136.72	17.92	0.95	3459.14	20	3479.14	7.56	1.0	1.01	1.00	165.26	3689.14	3269.14	<0	大偏压	0.160	-6.22	1032.98		4⌀22
						底	62.31	527.56	206.58	59.72	165.26	47.78																		

表 3-36　柱端剪力调整

层	柱	M_c^t/kN·m	M_c^b/kN·m	H_n/m	$V_c=1.2\times(M_c^t+M_c^b)/H_n$/kN
4	Ⓗ	85.82	74.98	3.4	61.48
	Ⓖ	82.51	65.79	3.4	56.70
	Ⓕ	64.96	53.86	3.4	45.43
3	Ⓗ	113.76	113.64	3.4	86.95
	Ⓖ	127.38	124.66	3.4	96.37
	Ⓕ	104.47	104.47	3.4	79.89
2	Ⓗ	138.21	141.67	3.4	107.01
	Ⓖ	161.19	159.34	3.4	122.56
	Ⓕ	135.79	135.08	3.4	103.57
1	Ⓗ	164.11	184.88	4.5	100.82
	Ⓖ	186.60	220.08	4.5	117.49
	Ⓕ	171.54	206.90	4.5	109.33

3）柱端加密区长度：

$$l=\left\{h,\ \frac{H_n}{6},\ 500\text{ mm}\right\}_{\max}=\left\{500\text{ mm},\ \frac{3400}{6}\text{ mm},\ 500\text{ mm}\right\}_{\max}=566.67\text{ mm}，故取 l=600\text{ mm}。$$

4）验算体积配筋率。

由表柱的轴压比验算知第二层Ⓖ轴线框架柱，轴压比$\mu=0.47$，线性内插的$\lambda_V=0.084$。拟采用井字复合箍筋，一类环境，混凝土强度 C30，柱保护层厚度$c=20$ mm，则：

$$l_1=l_2=500\text{ mm}-2\times24\text{ mm}=452\text{ mm}$$

$$A_{cor}=(500-2\times28)^2\text{ mm}^2=197136\text{ mm}^2$$

其配筋率为：

加密区：

$$\rho_{sv}=\frac{4\times50.3\times452\times2}{197136\times150}=0.62\%>0.4\%>\lambda_v\frac{f_t}{f_y}=0.084\times\frac{14.3}{360}=0.33\%$$

满足要求。

非加密区：

$$\rho_{sv}=\frac{4\times50.3\times452\times2}{197136\times200}=0.46\%$$

在箍筋非加密区，箍筋的体积配筋率是加密区配筋率的一半，满足《混凝土结构设计规范》(GB 50010—2010）第 11.4.18 条的要求。

3.10 板的计算

材料选料选 C30 混凝土，$f_c = 14.3\ N/mm^2$；HRB 400 钢筋，$f_y = f_y' = 360\ N/mm^2$，$\xi_b = 0.518$。现浇楼面板尺寸的确定：

对于 B1 板块：$l_y / l_x = 7200/3300 = 2.18 < 3$

对于 B2 板块：$l_y / l_x = 6600/3000 = 2.20 < 3$

B1，B2 板块均按双向板计算理论进行计算。

板厚 $t \geqslant (l_x/40,\ 80\ mm)_{max}$，取 $t = 100\ mm$。

3.10.1 荷载计算

恒荷载标准值：$g_k = 3.44\ kN/m^2$。

活荷载标准值：$q_k = 2.5\ kN/m^2$（教室、走廊）。

恒荷载设计值：$g = 1.2g_k = 1.2 \times 3.44\ kN/m^2 = 4.13\ kN/m^2$。

活荷载设计值：$q = 1.4q_k = 1.4 \times 2.5\ kN/m^2 = 3.5\ kN/m^2$（教室、走廊）。

3.10.2 截面设计

3.10.2.1 弯矩计算

板计算根据塑性理论，取 1 m 宽板带作为计算单元。

（1）边区格板 B1。

板两端与梁整体连接时，计算跨度为板的净跨度。

$$l_{0x} = l_n = 3.3\ m - 0.15 \times 2\ m = 3.0\ m$$

$$l_{0y} = 7.2\ m$$

$$n = l_{0y}/l_{0x} = 7.2/3 = 2.4$$

取 $\alpha = \dfrac{1}{n^2} = \dfrac{1}{2.4^2} = 0.174$，$\beta = 2$，采用分离式配筋。

跨内及支座塑性铰线上的总弯矩为：

$$M_x = l_{0y} m_x = 7.2 m_x$$

$$M_y = \alpha l_{0x} m_y = 0.174 \times 3 \times m_y = 0.522 m_y$$

$$M_x' = M_x'' = \beta l_{0y} m_x = 2 \times 7.2 m_x = 14.4 m_x$$

$$M_y' = M_y'' = \beta \alpha l_{0x} m_y = 2 \times 0.174 \times 3 m_y = 1.044 m_y$$

由于区格板 B1 四周与梁连接，内力折减系数为 0.8，由

$$2M_x + 2M_y + M_x' + M_x'' + M_y' + M_y'' = \frac{p l_{0x}^2}{12}(3l_{0y} - l_{0x})$$

有

$$2 \times 7.2 m_x + 2 \times 0.522 m_y + 2 \times 14.4 m_x + 2 \times 1.044 m_y$$

$$= \frac{(4.13 + 3.5) \times 3^2}{12} \times (3 \times 7.2 - 3) \times 0.8$$

得：

$$m_x = 1.95 \text{ kN·m/m}$$

$$m_y = \alpha m_x = 0.174 \times 1.95 \text{ kN·m/m} = 0.34 \text{ kN·m/m}$$

$$m'_m = m''_x = \beta m_x = 2 \times 1.95 \text{ kN·m/m} = 3.90 \text{ kN·m/m}$$

$$m'_y = m''_y = \beta m_y = 2 \times 0.34 \text{ kN·m/m} = 0.68 \text{ kN·m/m}$$

（2）区格板 B2。

板的计算跨度取净跨，即：

$$l_{0x} = 3 \text{ m} - 0.5 \text{ m} = 2.5 \text{ m}$$

$$l_{0y} = 6.6 \text{ m} - 0.3 \text{ m} = 6.3 \text{ m}$$

$$n = l_{0y}/l_{0x} = 6.3/2.5 = 2.52$$

取 $\alpha = \frac{1}{n^2} = 0.157$，$\beta = 2$，采用分离式配筋。

跨内及支座塑性铰线上的总弯矩为：

$$M_x = l_{0y} m_x = 6.3 m_x$$

$$M_y = \alpha l_{0x} m_y = 0.157 \times 2.5 \times m_y = 0.393 m_y$$

$$M'_x = M''_x = \beta l_{0y} m_x = 2 \times 6.3 m_x = 12.6 m_x$$

$$M'_y = M''_y = \beta\alpha l_{0x} m_y = 2 \times 0.157 \times 2.5 m_y = 0.785 m_y$$

由于区格板 B2 四周与梁连接，内力折减系数为 0.8，由

$$2M_x + 2M_y + M'_x + M''_x + M'_y + M''_y = \frac{p l_{0x}^2}{12}(3l_{0y} - l_{0x})$$

有：

$$2 \times 6.3 m_x + 2 \times 0.393 m_y + 2 \times 12.6 m_x + 2 \times 0.785 m_y$$

$$= \frac{(4.13 + 3.5) \times 2.5^2}{12} \times (3 \times 6.3 - 2.5) \times 0.8$$

得：

$$m_x = 1.37 \text{ kN·m/m}$$

$$m_y = \alpha m_x = 0.157 \times 1.37 \text{ kN·m/m} = 0.22 \text{ kN·m/m}$$

$$m'_m = m''_x = \beta m_x = 2 \times 1.37 \text{ kN·m/m} = 2.74 \text{ kN·m/m}$$

$$m'_y = m''_y = \beta m_y = 2 \times 0.22 \text{ kN·m/m} = 0.44 \text{ kN·m/m}$$

3.10.2.2 配筋计算

假定钢筋的直径为 10 mm，则截面有效高度 $h_{0x} = 80$ mm，$h_{0y} = 70$ mm，可近似按 $A_s = \frac{m}{0.95 f_y h_0}$ 计算钢筋截面面积。计算结果如表 3-37 所示。

最小配筋率 $\rho_{\min} = 0.45 f_t / f_y = 0.45 \times 1.43/360 = 0.179\% < 0.2\%$

实配钢筋面积 $A_s = 251 \text{ mm}^2 > A_{s,\min} = \rho_{\min} bh = 0.2\% \times 1000 \times 100 \text{ mm}^2 = 200 \text{ mm}^2$ 均满足要求。

表 3-37　双向板配筋计算

截面			m/kN·m	h_0/mm	A_s/mm²	选配钢筋	实配钢筋
跨中	B1	l_{0x} 方向	1.95	80	71.27	⌀8@200	251
		l_{0y} 方向	0.34	70	14.20	⌀8@200	251
	B2	l_{0x} 方向	1.37	80	50.07	⌀8@200	251
		l_{0y} 方向	0.22	70	9.19	⌀8@200	251
支座	B1-B1		3.90	80	142.54	⌀8@200	251
	B1-B2		0.68	80	24.85	⌀8@200	251
	B2-B1		2.74	80	100.15	⌀8@200	251
	B2-B2		0.44	80	16.08	⌀8@200	251

3.11　楼梯计算

3.11.1　设计资料

本工程采用现浇混凝土板式楼梯，设计混凝土强度等级为 C30，楼梯及平台板中采用 HRB 400 级钢筋，平台梁纵向采用 HRB 400 级钢筋。楼梯栏杆采用不锈钢栏杆，踏步尺寸为 150 mm×300 mm。活荷载标准值为 3.5 kN/m²。计算⑤-⑥轴线第三层楼梯。楼梯平面布置图如图 3-16 所示。

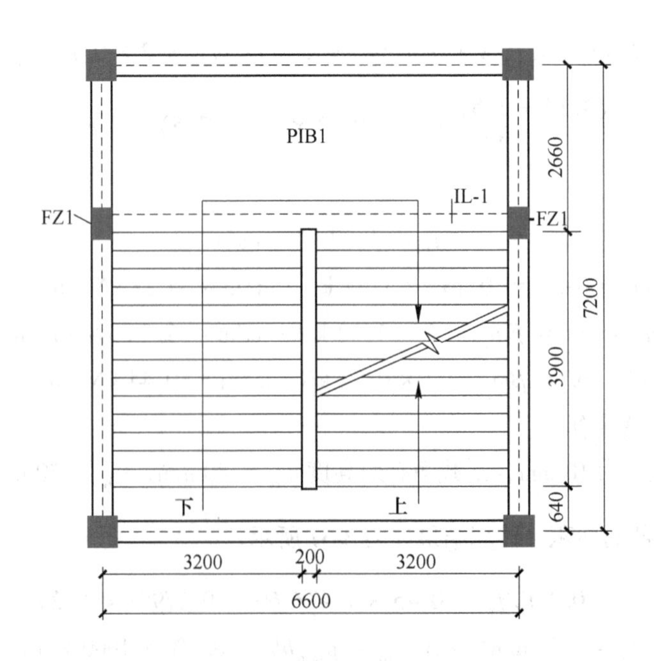

图 3-16　楼梯平面布置图（mm）

3.11.2 梯段板设计

梯段板跨度 l_0 = 300 mm × 13 + 300 mm = 4200 mm，l_n = 3900 mm。

板厚 $h=(1/25\sim1/30)l_0=(1/25\sim1/30)\times4200$ mm = 168～140 mm，取 $h=150$ mm。

$$\alpha = \arctan 0.5 = 26.57°$$

$$\cos\alpha = \cos 26.57° = 0.894$$

取 1 m 宽板带为计算单元。

（1）荷载计算。

1）恒荷载标准值：

踏步板自重：$\left(\dfrac{0.15\ \text{m}}{2}+\dfrac{0.15\ \text{m}}{0.894}\right)\times 0.3\ \text{m}\times 1.0\ \text{m}\times\dfrac{25\ \text{kN/m}^3}{0.3\ \text{m}} = 6.07\ \text{kN/m}$

踏步地砖面层：$1.0\ \text{m}\times(0.3\ \text{m}+0.15\ \text{m})\times\dfrac{0.55\ \text{kN/m}^2}{0.3\ \text{m}} = 0.83\ \text{kN/m}$

踏步水泥砂浆找平层：$1.0\ \text{m}\times(0.3\ \text{m}+0.15\ \text{m})\times 0.02\ \text{m}\times\dfrac{20\ \text{kN/m}^3}{0.3\ \text{m}} = 0.6\ \text{kN/m}$

20 厚水泥砂浆板底抹灰：$0.012\ \text{m}\times 20\ \text{kN/m}^3\times 1.0\ \text{m}/0.894 = 0.27\ \text{kN/m}$

合计：g_k = 7.77 kN/m

2）活荷载标准值：$q_k = 3.5\times 1.0\ \text{kN/m} = 3.5\ \text{kN/m}$

3）恒荷载设计值：$g = 1.2g_k = 1.2\times 7.77\ \text{kN/m} = 9.32\ \text{kN/m}$

4）活荷载设计值：$q = 1.4q_k = 1.4\times 3.5\ \text{kN/m} = 4.9\ \text{kN/m}$

（2）内力计算。

$$M_{max} = \frac{1}{10}(g+q)l_0^2 = \frac{1}{10}\times(9.32+4.9)\times 4.2^2\ \text{kN}\cdot\text{m} = 25.08\ \text{kN}\cdot\text{m}$$

$$V_{max} = \frac{1}{2}(g+q)l_n\cos\alpha = \frac{1}{2}\times(9.32+4.9)\times 3.9\times 0.894\ \text{kN} = 24.79\ \text{kN}$$

（3）配筋计算。

板的有效高度 $h_0 = h - 20\ \text{mm} = 150\ \text{mm} - 20\ \text{mm} = 130\ \text{mm}$。

$$\alpha_s = \frac{M}{\alpha_1 f_c b h_0^2} = \frac{25.08\times10^6}{1.0\times 14.3\times 1000\times 130^2} = 0.10$$

$$\xi = 1-\sqrt{1-2\alpha_s} = 1-\sqrt{1-2\times 0.10} = 0.11 < \xi_b = 0.518$$

$$\gamma_s = 1-0.5\xi = 1-0.5\times 0.11 = 0.945$$

$$A_s = \frac{M}{f_y\gamma_s h_0} = \frac{25.08\times10^6}{360\times 0.945\times 130}\ \text{mm}^2 = 567.09\ \text{mm}^2$$

最小配筋率 $\rho_{min} = \{0.2\%,\ 0.45f_t/f_y\}_{max} = \{0.2\%,\ 0.45\times 1.43/360\}_{max} = 0.2\%$。

$$A_s = 567.09\ \text{mm}^2 > A_{s,min} = \rho_{min}bh = 0.2\%\times 1000\times 140\ \text{mm}^2 = 280\ \text{mm}^2$$

选配钢筋⌀ 8/10@110，A_s = 585 mm²。

每级踏步下配一根 ϕ8 的分布筋。

$$0.7f_t b h_0 = 0.7\times 1.43\times 1000\times 120\ \text{kN} = 120.12\ \text{kN} > V_{max} = 24.79\ \text{kN}$$

满足抗剪要求。支座配筋⌀ 8@200。

3.11.3 平台板设计（PTB1）

计算跨度：

$$l_0 = 2660\ \text{mm} - 150\ \text{mm} = 2510\ \text{mm}$$

$$l_n = l_0 - 300\ \text{mm} = 2510\ \text{mm} - 300\ \text{mm} = 2210\ \text{mm}$$

$$l_x/l_y = 6600/2510 = 2.63 > 2$$

按单向板计算。

（1）荷载计算。

恒荷载标准值（与走廊楼面相同）：$g_k = 3.44 \times 1.0\ \text{kN/m} = 3.44\ \text{kN/m}$。

活荷载标准值：$q_k = 3.5 \times 1.0\ \text{kN/m} = 3.5\ \text{kN/m}$。

恒荷载设计值：$g = 1.2g_k = 1.2 \times 3.44\ \text{kN/m} = 4.13\ \text{kN/m}$。

活荷载标准值：$q = 1.4q_k = 1.4 \times 3.5\ \text{kN/m} = 4.9\ \text{kN/m}$。

（2）内力计算。

$$M = \frac{1}{8}(g+q)l_0^2 = \frac{1}{8} \times (4.13 + 4.9) \times 2.51^2\ \text{kN}\cdot\text{m} = 7.11\ \text{kN}\cdot\text{m}$$

（3）配筋计算。

$$\alpha_s = \frac{M}{\alpha_1 f_c b h_0^2} = \frac{7.11 \times 10^6}{1.0 \times 14.3 \times 1000 \times 80^2} = 0.078$$

$$\xi = 1 - \sqrt{1 - 2\alpha_s} = 1 - \sqrt{1 - 2 \times 0.078} = 0.081 < \xi_b = 0.518$$

$$\gamma_s = 1 - 0.5\xi = 1 - 0.5 \times 0.081 = 0.960$$

$$A_s = \frac{M}{f_y \gamma_s h_0} = \frac{7.11 \times 10^6}{360 \times 0.960 \times 80}\ \text{mm}^2 = 257.16\ \text{mm}^2$$

$$A_s = 257.16\ \text{mm}^2 > A_{s,\min} = \rho_{\min} bh = 0.2\% \times 1000 \times 100\ \text{mm}^2 = 200\ \text{mm}^2$$

选配钢筋⌀ 8@150，$A_s = 335\ \text{mm}^2$。分布钢筋为⌀ 8@200。

3.11.4 平台梁（TL1）

跨度 $l = 6600$ mm；截面高度 $h = l/12 = 6600/12$ mm $= 550$ mm，宽度 $b = 300$ mm；$l_n = 6600\ \text{mm} - 240\ \text{mm} = 6360\ \text{mm}$。

故 $l_0 = 1.05l_n = 1.05 \times 6360\ \text{mm} = 6678\ \text{mm} > l_n + a = 6600\ \text{mm}$，取 $l_0 = 6600$ mm，a 为平台梁在墙上的长度，$a = 240$ mm。

（1）荷载计算。

梯段板传荷载：(9.32+4.9) kN/m×4.2 m/(2×1.0 m) = 29.86 kN/m

平台板传荷载：(4.13+4.9) kN/m×2.51 m/(2×1.0 m) = 11.33 kN/m

梁自重：0.3 m×0.55 m×25 kN/m³×1.2 = 4.95 kN/m

合计：46.14 kN/m

（2）内力计算。

$$M_{\max} = \frac{1}{10}pl_0^2 = \frac{1}{10} \times 46.14 \times 6.6^2\ \text{kN}\cdot\text{m} = 200.99\ \text{kN}\cdot\text{m}$$

$$V_{max} = \frac{1}{2}pl_n = \frac{1}{2} \times 46.14 \times 6.36\ \text{kN} = 146.73\ \text{kN}$$

（3）配筋计算。

配 HRB 400 级钢筋，$h_0 = h - 40\ \text{mm} = 550\ \text{mm} - 40\ \text{mm} = 510\ \text{mm}$。

$$\alpha_s = \frac{M}{\alpha_1 f_c b h_0^2} = \frac{200.99 \times 10^6}{1.0 \times 14.3 \times 300 \times 510^2} = 0.18$$

$$\xi = 1 - \sqrt{1 - 2\alpha_s} = 1 - \sqrt{1 - 2 \times 0.18} = 0.2 < \xi_b = 0.518$$

$$\gamma_s = 1 - 0.5\xi = 1 - 0.5 \times 0.2 = 0.9$$

$$A_s = \frac{M}{f_y \gamma_s h_0} = \frac{200.99 \times 10^6}{360 \times 0.9 \times 510}\ \text{mm}^2 = 1216.35\ \text{mm}^2$$

最小配筋率 $\rho_{min} = \{0.2\%,\ 0.45f_t/f_y\}_{max} = \{0.2\%,\ 0.45 \times 1.43/360\}_{max} = 0.2\%$。

$A_s = 1216.35\ \text{mm}^2 > A_{s,min} = \rho_{min}bh = 0.2\% \times 300 \times 550\ \text{mm}^2 = 330\ \text{mm}^2$。

选配 4 ⌀ 20，$A_s = 1256\ \text{mm}^2$。

$$0.25\beta_c f_c b h_0 = 0.25 \times 1.0 \times 14.3 \times 300 \times 510\ \text{kN} = 546.98\ \text{kN} > V_{max} = 146.73\ \text{kN}$$

$$0.7 f_t b h_0 = 0.7 \times 1.43 \times 300 \times 510\ \text{kN} = 153.15\ \text{kN} > V_{max} = 146.73\ \text{kN}$$

只需按构造配置钢筋，选配⌀ 8@200 双肢箍筋。

3.12　地基基础设计

3.12.1　基本概况

场地地层条件如图 3-17 所示。设计选用柱下独立阶形基础。基础混凝土强度等级为 C30，基础配筋为 HRB 400 级钢筋（$f_y = 360\ \text{kN/mm}^2$），下设 100 mm 厚 C15 素混凝土垫层，基础底板下部钢筋的混凝土保护层厚度为 50 mm。

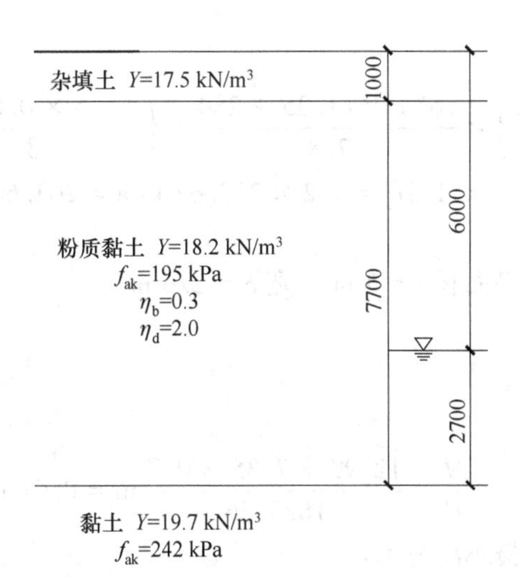

图 3-17　场地地层条件（mm）

3.12.2　地基承载能力特征值f_a

平均重度：

$$\gamma_m = \frac{17.5 \times 1.0 + 18.2 \times 0.2}{1.2} \text{ kN/m}^3 = 17.62 \text{ kN/m}^3$$

持力层承载能力特征值f_a（先不考虑对基础宽度进行修正，d按室外地面算起）：

$$f_a = f_{ak} + \eta_b\gamma(b-3) + \eta_d\gamma_m(d-0.5) = 195 \text{ kPa} + 2 \times 17.62 \times (1.2-0.5) \text{ kPa} = 219.67 \text{ kPa}$$

3.12.2.1　Ⓗ轴下独立基础计算

A　初步选择基底尺寸

计算基础和回填土重G_k时的基础埋深：

$$G_k = \frac{1}{2} \times (1.2 + 1.8) \text{ m} = 1.5 \text{ m}$$

由式$(F_k + \gamma_G dA)/A \leqslant f_a$得：

$$A_0 = \frac{F_k}{f_a - \gamma_G d} = \frac{1620.36/1.35}{219.67 - 20 \times 1.5} \text{ m}^2 = 6.33 \text{ m}^2$$

由于偏心不大，基础底面积按20%增大，即：

$$A = 1.2A_0 = 1.2 \times 6.33 \text{ m}^2 = 7.60 \text{ m}^2$$

初步选择基础底面积$A=l \cdot b=3 \text{ m} \times 2.6 \text{ m}=7.8 \text{ m}^2$，且$b=2.6 \text{ m}<3 \text{ m}$，不需再对$f_a$进行修正。

B　验算持力层地基承载力

基础和回填土重$G_k = \gamma_G dA = 20 \times 1.5 \times 7.8 \text{ kN} = 234 \text{ kN}$。

偏心距

$$e_k = \frac{M_k}{F_k + G_k} = \frac{12.99/1.35 + 7.35/1.35 \times 0.7}{1620.36/1.35 + 234} \text{ m} = 0.01 \text{ m}\left(\frac{l}{6} = \frac{3 \text{ m}}{6} = 0.5 \text{ m}\right)$$

即$p_{k,min} > 0$满足。

基底最大压力：

$$p_{k,max} = \frac{F_k + G_k}{A}\left(1 + \frac{6e}{l}\right) = \frac{1620.36/1.35 + 234}{7.8} \times \left(1 + \frac{6 \times 0.01}{3}\right) \text{ kPa} = 187.56 \text{ kPa}$$

$$< 1.2f_a = 1.2 \times 219.67 \text{ kPa} = 263.60 \text{ kPa}$$

满足条件。

最后，确定该柱基础底面长$l = 3$ m，宽$b = 2.6$ m。

C　基础配筋计算

(1) 计算基础净反力。

偏心距：

$$e_{a,0} = \frac{M}{F} = \frac{12.99 + 7.35 \times 0.7}{1620.36} \text{ m} = 0.01 \text{ m}$$

基础边缘处的最大和最小净反力：

$$p_{\substack{n,max \\ n,min}} = \frac{F}{lb}\left(1 \pm \frac{6e_{a,0}}{l}\right) = \frac{1620.36}{7.8} \times \left(1 \pm \frac{6 \times 0.01}{3}\right) \text{ kPa} = \begin{matrix} 211.89 \text{ kPa} \\ 203.58 \text{ kPa} \end{matrix}$$

(2) 基础高度(采用阶梯形基础)。

1) 柱边基础截面抗冲切验算。

$$l = 3\ \text{m},\ b = 2.6\ \text{m},\ a_t = b_c = a_c = 0.5\ \text{m}$$

初步选择基础高度 $h=700$ mm，从下至上分 400 mm、300 mm 两个台阶。$h_0=650$ mm (有垫层)。

$$a_t + 2h_0 = 0.5\ \text{m} + 2 \times 0.65\ \text{m} = 1.8\ \text{m} < b = 2.6\ \text{m},\ 取\ a_b = 1.8\ \text{m}$$

$$a_m = \frac{a_t + a_b}{2} = \frac{500 + 1800}{2}\ \text{mm} = 1150\ \text{mm}$$

因偏心受压，p_u 取 $p_{n,\max}$。

冲切力：

$$F_l = p_{n,\max}\left[\left(\frac{l}{2} - \frac{a_c}{2} - h_0\right)b - \left(\frac{b}{2} - \frac{b_c}{2} - h_0\right)^2\right]$$

$$= 211.89 \times \left[\left(\frac{3}{2} - \frac{0.5}{2} - 0.65\right) \times 2.6 - \left(\frac{2.6}{2} - \frac{0.5}{2} - 0.65\right)^2\right]\ \text{kN}$$

$$= 296.65\ \text{kN}$$

抗冲切力：

$$0.7\beta_{hp}f_t a_m h_0 = 0.7 \times 1.0 \times 1.43 \times 1150 \times 650\ \text{kN} = 748.25\ \text{kN} > 296.65\ \text{kN}$$

满足条件。

2) 变阶处抗冲切验算。

$$a_t = b_1 = 1.3,\ a_1 = 1.5\ \text{m},\ h_{01} = 400\ \text{mm} - 50\ \text{mm} = 350\ \text{mm}$$

$$a_t + 2h_{01} = 1.3\ \text{m} + 2 \times 0.35\ \text{m} = 2\ \text{m} < b = 2.6\ \text{m},\ 取\ a_b = 2.0\ \text{m}$$

$$a_m = \frac{a_t + a_b}{2} = \frac{1300 + 2000}{2}\ \text{mm} = 1650\ \text{mm}$$

冲切力：

$$F_l = p_{n,\max}\left[\left(\frac{l}{2} - \frac{a_1}{2} - h_{01}\right)b - \left(\frac{b}{2} - \frac{b_1}{2} - h_{01}\right)^2\right]$$

$$= 211.89 \times \left[\left(\frac{3}{2} - \frac{1.5}{2} - 0.35\right) \times 2.6 - \left(\frac{2.6}{2} - \frac{1.3}{2} - 0.35\right)^2\right]\ \text{kN}$$

$$= 201.30\ \text{kN}$$

抗冲切力：

$$0.7\beta_{hp}f_t a_m h_0 = 0.7 \times 1.0 \times 1.43 \times 1650 \times 350\ \text{kN} = 578.08\ \text{kN} > 201.30\ \text{kN}$$

满足条件。

3) 配筋计算。

①基础长边方向。

Ⅰ—Ⅰ截面(柱边)：

柱边净反力 $p_{n,1} = p_{n,\min} + \dfrac{l + a_c}{2l}(p_{n,\max} - p_{n,\min}) = 203.58\ \text{kPa} + \dfrac{3 + 0.5}{2 \times 3} \times$

$$(211.89 - 203.58)\ \text{kPa} = 208.43\ \text{kPa}$$

弯矩 $M_1 = \dfrac{1}{48}(l - a_c)^2[(2b + b_c)(p_{n,\max} + p_{n,1}) + (p_{n,\max} - p_{n,1})b]$

$$= \frac{1}{48} \times (3-0.5)[(2 \times 2.6+0.5) \times (211.89+208.43)+$$

$$(211.89-208.43) \times 2.6] \text{ kN} \cdot \text{m} = 313.13 \text{ kN} \cdot \text{m}$$

$$A_{s,1} = \frac{M_1}{0.9 f_y h_0} = \frac{313.13 \times 10^6}{0.9 \times 360 \times 650} \text{ mm}^2 = 1486.85 \text{ mm}^2$$

Ⅲ—Ⅲ截面（变阶处）：

柱边净反力 $p_{n,3} = p_{n,min} + \frac{l+a_1}{2l}(p_{n,max} - p_{n,min}) = 203.58 \text{ kPa} + \frac{3+1.5}{2 \times 3} \times$

$$(211.89-203.58) \text{ kPa} = 209.81 \text{ kPa}$$

弯矩 $M_3 = \frac{1}{48}(l-a_1)^2[(2b+b_1)(p_{n,max}+p_{n,3})+(p_{n,max}-p_{n,3})b] = \frac{1}{48} \times (3-1.5)^2 \times$

$$[(2 \times 2.6+1.3) \times (211.89+209.81)+(211.89-209.81) \times 2.6] \text{ kN} \cdot \text{m}$$

$$= 128.74 \text{ kN} \cdot \text{m}$$

$$A_{s,3} = \frac{M_3}{0.9 f_y h_{01}} = \frac{128.74 \times 10^6}{0.9 \times 360 \times 350} \text{ mm}^2 = 1135.27 \text{ mm}^2$$

比较 $A_{s,1}$ 和 $A_{s,3}$，应按 $A_{s,1}$ 配筋。

根据《建筑地基基础设计规范》(GB 50007—2011）附录 U 得：截面计算宽度为

$$b_0 = \frac{bh_1 + b_1 h_2}{h} = \frac{2.6 \times 0.4 + 1.3 \times 0.3}{0.7} \text{ m} = 2.04 \text{ m}$$

由于 $A_s = 1486.85 \text{ mm}^2 < A_{s,min} = 0.15\% b_0 h = 0.15\% \times 2040 \times 700 \text{ mm}^2 = 2142 \text{ mm}^2$，故取 $A_s = 2142 \text{ mm}^2$，实际配⌀ 12/14@ 160。$A_s = 2168.4 \text{ mm}^2$。

②基础短边方向。

因该基础受单向偏心荷载作用，所以在基础短边方向的基底反力可按均匀分布计算，取 $p_n = \frac{1}{2}(p_{n,min} + p_{n,max})$ 计算。

$$p_n = \frac{1}{2}(p_{n,min} + p_{n,max}) = \frac{1}{2} \times (211.89 + 203.58) \text{ kPa} = 207.74 \text{ kPa}$$

Ⅱ—Ⅱ截面：

$$M_2 = \frac{1}{24} p_n (b - b_c)^2 (2l + a_c)$$

$$= \frac{1}{24} \times 207.74 \times (2.6 - 0.5)^2 \times (2 \times 3 + 0.5) \text{ kN} \cdot \text{m}$$

$$= 248.12 \text{ kN} \cdot \text{m}$$

$$A_{s,2} = \frac{M_2}{0.9 f_y h_0} = \frac{248.12 \times 10^6}{0.9 \times 360 \times 650} \text{ mm}^2 = 1178.16 \text{ mm}^2$$

Ⅳ—Ⅳ截面：

$$M_4 = \frac{1}{24} p_n (b - b_1)^2 (2l + a_1)$$

$$= \frac{1}{24} \times 207.74 \times (2.6 - 1.3)^2 \times (2 \times 3 + 1.5) \text{ kN} \cdot \text{m}$$

$$= 109.71 \text{ kN} \cdot \text{m}$$

$$A_{s,4} = \frac{M_4}{0.9 f_y h_{01}} = \frac{109.71 \times 10^6}{0.9 \times 360 \times 350} \text{ mm}^2 = 967.46 \text{ mm}^2$$

比较 $A_{s,2}$ 和 $A_{s,4}$，应按 $A_{s,2}$ 配筋。

根据《建筑地基基础设计规范》(GB 50007—2011) 第 8.2.1 条得：扩展基础受力钢筋最小配筋率不应小于 0.15%。

根据《建筑地基基础设计规范》(GB 50007—2011) 附录 U 得：截面计算宽度为

$$l_0 = \frac{l h_1 + a_1 h_2}{h} = \frac{3 \times 0.4 + 1.5 \times 0.3}{0.7} \text{ m} = 2.36 \text{ m}$$

由于 $A_s = 1219.40 \text{ mm}^2 < A_{s,\min} = 0.15\% b_0 h = 0.15\% \times 2360 \times 700 = 2478 \text{ mm}^2$，故取 $A_s = 2478 \text{ mm}^2$，实际配⏀ 12/14@ 160。$A_s = 2502 \text{ mm}^2$。

3.12.2.2 Ⓖ轴下独立基础计算

A 初步选择基底尺寸

计算基础和回填土重 G_k 时的基础埋深：

$$G_k = \frac{1}{2} \times (1.2 + 1.8) \text{ m} = 1.5 \text{ m}$$

由式 $(F_k + \gamma_G d A)/A \leqslant f_a$ 得：

$$A_0 = \frac{F_k}{f_a - \gamma_G d} = \frac{2283.21/1.35}{219.67 - 20 \times 1.5} \text{ m}^2 = 8.92 \text{ m}^2$$

由于偏心不大，基础底面积按 20%增大，即：

$$A = 1.2 A_0 = 1.2 \times 8.92 \text{ m}^2 = 10.71 \text{ m}^2$$

初步选择基础底面积 $A = l \cdot b = 3.6 \text{ m} \times 3 \text{ m} = 10.8 \text{ m}^2$，且 $b = 3$ m，不需再对 f_a 进行修正。

B 验算持力层地基承载力

基础和回填土重 $G_k = \gamma_G d A = 20 \times 1.5 \times 10.8 \text{ kN} = 324 \text{ kN}$。

偏心距

$$e_k = \frac{M_k}{F_k + G_k} = \frac{6.63/1.35 + 3.75/1.35 \times 0.7}{2283.21/1.35 + 324} \text{ m}$$

$$= 0.003 \text{ m} \left(\frac{l}{6} = \frac{3.6}{6} = 0.6 \text{ m} \right)$$

即 $p_{k,\min} > 0$ 满足。

基底最大压力：

$$p_{k,\max} = \frac{F_k + G_k}{A}\left(1 + \frac{6e}{l}\right) = \frac{2283.21/1.35 + 324}{10.8} \times \left(1 + \frac{6 \times 0.003}{3.6}\right) \text{ kPa} = 187.53 \text{ kPa}$$

$$< 1.2 f_a = 1.2 \times 219.67 \text{ kPa} = 263.60 \text{ kPa}$$

满足条件。

最后，确定该柱基础底面长 $l = 3.6$ m，宽 $b = 3$ m。

C 基础配筋计算

(1) 计算基础净反力。

偏心距：

$$e_{a,0}=\frac{M}{F}=\frac{6.63+3.75\times0.7}{2283.21}\ \mathrm{m}=0.004\ \mathrm{m}$$

基础边缘处的最大和最小净反力：

$$p_{\substack{n,max\\n,min}}=\frac{F}{lb}\left(1\pm\frac{6e_{a,0}}{l}\right)=\frac{2283.21}{10.8}\times\left(1\pm\frac{6\times0.004}{3.6}\right)\ \mathrm{kPa}=\begin{matrix}212.82\ \mathrm{kPa}\\210.00\ \mathrm{kPa}\end{matrix}$$

（2）基础高度（采用阶梯形基础）。

1）柱边基础截面抗冲切验算。

$$l=3.6\ \mathrm{m},\ b=3\ \mathrm{m},\ a_t=b_c=a_c=0.5\ \mathrm{m}$$

初步选择基础高度 $h=700$ mm，从下至上分 400 mm、300 mm 两个台阶。$h_0=650$ mm（有垫层）。

$$a_t+2h_0=0.5\ \mathrm{m}+2\times0.65\ \mathrm{m}=1.8\ \mathrm{m}<b=2.6\ \mathrm{m},\ 取\ a_b=1.8\ \mathrm{m}$$

$$a_m=\frac{a_t+a_b}{2}=\frac{500+1800}{2}\ \mathrm{mm}=1150\ \mathrm{mm}$$

因偏心受压，p_u 取 $p_{n,max}$。

冲切力：

$$\begin{aligned}F_l&=p_{n,max}\left[\left(\frac{l}{2}-\frac{a_c}{2}-h_0\right)b-\left(\frac{b}{2}-\frac{b_c}{2}-h_0\right)^2\right]\\&=212.82\times\left[\left(\frac{3.6}{2}-\frac{0.5}{2}-0.65\right)\times3-\left(\frac{3}{2}-\frac{0.5}{2}-0.65\right)^2\right]\ \mathrm{kN}\\&=498.00\ \mathrm{kN}\end{aligned}$$

抗冲切承载力：

$$0.7\beta_{hp}f_ta_mh_0=0.7\times1.0\times1.43\times1150\times650\ \mathrm{kN}=748.25\ \mathrm{kN}>498.00\ \mathrm{kN}$$

满足条件。

2）变阶处抗冲切验算。

$$a_t=b_1=1.5\ \mathrm{m},\ a_1=1.8\ \mathrm{m},\ h_{01}=400\ \mathrm{mm}-50\ \mathrm{mm}=350\ \mathrm{mm}$$

$$a_t+2h_{01}=1.5\ \mathrm{m}+2\times0.35\ \mathrm{m}=2.2\ \mathrm{m}<b=3\ \mathrm{m},\ 取\ a_b=1.8\ \mathrm{m}$$

$$a_m=\frac{a_t+a_b}{2}=\frac{1500+2200}{2}\ \mathrm{mm}=1850\ \mathrm{mm}$$

冲切力：

$$\begin{aligned}F_l&=p_{n,max}\left[\left(\frac{l}{2}-\frac{a_1}{2}-h_{01}\right)b-\left(\frac{b}{2}-\frac{b_1}{2}-h_{01}\right)^2\right]\\&=212.82\times\left[\left(\frac{3.6}{2}-\frac{1.8}{2}-0.35\right)\times3-\left(\frac{3}{2}-\frac{1.5}{2}-0.35\right)^2\right]\ \mathrm{kN}\\&=317.10\ \mathrm{kN}\end{aligned}$$

抗冲切承载力：

$$0.7\beta_{hp}f_ta_mh_0=0.7\times1.0\times1.43\times1850\times350\ \mathrm{kN}=648.15\ \mathrm{kN}>317.10\ \mathrm{kN}$$

满足条件。

3）配筋计算。

①基础长边方向。

Ⅰ—Ⅰ截面（柱边）：

柱边净反力 $p_{n,1} = p_{n,min} + \frac{l + a_c}{2l}(p_{n,max} - p_{n,min})$

$$= 210.00 \text{ kPa} + \frac{3.6 + 0.5}{2 \times 3.6} \times (212.82 - 210.00) \text{ kPa}$$

$$= 211.61 \text{ kPa}$$

弯矩 $M_1 = \frac{1}{48}(l - a_c)^2[(2b + b_c)(p_{n,max} + p_{n,1}) + (p_{n,max} - p_{n,1})b]$

$$= \frac{1}{48} \times (3.6 - 0.5)^2 \times [(2 \times 3 + 0.5) \times (212.82 + 211.62) + (212.82 - 211.62) \times 3] \text{ kN·m} = 553.07 \text{ kN·m}$$

$$A_{s,1} = \frac{M_1}{0.9f_y h_0} = \frac{553.07 \times 10^6}{0.9 \times 360 \times 650} \text{ mm}^2 = 2626.16 \text{ mm}^2$$

Ⅲ—Ⅲ截面（变阶处）：

柱边净反力 $p_{n,3} = p_{n,min} + \frac{l + a_1}{2l}(p_{n,max} - p_{n,min})$

$$= 210.00 \text{ kPa} + \frac{3.6 + 1.8}{2 \times 3.6} \times (212.82 - 210.00) \text{ kPa}$$

$$= 212.12 \text{ kPa}$$

弯矩 $M_3 = \frac{1}{48}(l - a_1)^2[(2b + b_1)(p_{n,max} + p_{n,3}) + (p_{n,max} - p_{n,3})b]$

$$= \frac{1}{48} \times (3.6 - 1.8)^2 \times [(2 \times 3 + 1.5) \times (212.82 + 212.12) + (212.82 - 212.12) \times 3] \text{ kN·m} = 215.27 \text{ kN·m}$$

$$A_{s,3} = \frac{M_3}{0.9f_y h_{01}} = \frac{215.27 \times 10^6}{0.9 \times 360 \times 350} \text{ mm}^2 = 1898.32 \text{ mm}^2$$

比较 $A_{s,1}$ 和 $A_{s,3}$，应按 $A_{s,1}$ 配筋。

根据《建筑地基基础设计规范》(GB 50007—2011）第 8.2.1 条得：扩展基础受力钢筋最小配筋率不应小于 0.15%。

根据《建筑地基基础设计规范》(GB 50007—2011）附录 U 得：截面计算宽度为

$$b_0 = \frac{bh_1 + b_1h_2}{h} = \frac{3 \times 0.4 + 1.5 \times 0.3}{0.7} \text{ m} = 2.36 \text{ m}$$

由于 $A_s = 2626.16 \text{ mm}^2 > A_{s,min} = 0.15\% b_0 h = 0.15\% \times 2360 \times 700 \text{ mm}^2 = 2478 \text{ mm}^2$，故取 $A_s = 2626.16\ mm^2$，实际配⌀ 12/14@ 150。$A_s = 2670 \text{ mm}^2$。

②基础短边方向。

因该基础受单向偏心荷载作用，所以在基础短边方向的基底反力可按均匀分布计算，取 $p_n = \frac{1}{2}(p_{n,min} + p_{n,max})$ 计算。

$$p_n = \frac{1}{2}(p_{n,min} + p_{n,max}) = \frac{1}{2} \times (212.82 + 210.00)\ kPa = 211.41\ kPa$$

Ⅱ—Ⅱ截面：

$$M_2 = \frac{1}{24}p_n(b - b_c)^2(2l + a_c)$$
$$= \frac{1}{24} \times 211.41 \times (3 - 0.5)^2 \times (2 \times 3.6 + 0.5)\ kN \cdot m$$
$$= 423.92\ kN \cdot m$$

$$A_{s,2} = \frac{M_2}{0.9f_y h_0} = \frac{423.92 \times 10^6}{0.9 \times 360 \times 650}\ mm^2 = 2012.91\ mm^2$$

Ⅳ—Ⅳ截面：

$$M_4 = \frac{1}{24}p_n(b - b_1)^2(2l + a_1)$$
$$= \frac{1}{24} \times 211.41 \times (3 - 1.5)^2 \times (2 \times 3.6 + 1.8)\ kN \cdot m$$
$$= 178.38\ kN \cdot m$$

$$A_{s,4} = \frac{M_4}{0.9f_y h_{01}} = \frac{178.38 \times 10^6}{0.9 \times 360 \times 350}\ mm^2 = 1573.02\ mm^2$$

比较 $A_{s,2}$ 和 $A_{s,4}$，应按 $A_{s,2}$ 配筋。

根据《建筑地基基础设计规范》(GB 50007—2011) 附录 U 得：截面计算宽度为

$$l_0 = \frac{lh_1 + a_1h_2}{h} = \frac{3.6 \times 0.4 + 1.8 \times 0.3}{0.7}\ m = 2.83\ m$$

由于 $A_s = 2012.91\ mm^2 < A_{s,min} = 0.15\% b_0 h = 0.15\% \times 2830 \times 700\ mm^2 = 2971.5\ mm^2$，故取 $A_s = 2971.5\ mm^2$，实际配⌀ 12/14@ 160，$A_s = 3002.4\ mm^2$。

3.12.2.3 Ⓕ轴下独立基础计算

A 初步选择基底尺寸

计算基础和回填土重 G_k 时的基础埋深：

$$G_k = \frac{1}{2} \times (1.2 + 1.8)\ m = 1.5\ m$$

由式 $(F_k + \gamma_G dA)/A \leqslant f_a$ 得：

$$A_0 = \frac{F_k}{f_a - \gamma_G d} = \frac{732.30/1.35}{219.67 - 20 \times 1.5}\ m^2 = 2.86\ m^2$$

由于偏心不大，基础底面积按 20%增大，即：

$$A = 1.2A_0 = 1.2 \times 2.86\ m^2 = 3.43\ m^2$$

初步选择基础底面积 $A = l \cdot b = 2.2\ m \times 1.6\ m = 3.52\ m^2$，且 $b = 1.6\ m < 3\ m$，不需再对 f_a 进行修正。

B 验算持力层地基承载力

基础和回填土重 $G_k = \gamma_G dA = 20 \times 1.5 \times 3.52\ kN = 105.6\ kN$。

偏心距：

$$e_k = \frac{M_k}{F_k + G_k} = \frac{58.15/1.35 + 19.49/1.35 \times 0.7}{732.30/1.35 + 105.6}\ \text{m}$$
$$= 0.08\ \text{m}\left(\frac{l}{6} = \frac{2.2}{6} = 0.37\ \text{m}\right)$$

即 $p_{k,min} > 0$ 满足。

基底最大压力：

$$p_{k,max} = \frac{F_k + G_k}{A}\left(1 + \frac{6e}{l}\right)$$
$$= \frac{732.30/1.35 + 105.6}{3.52} \times \left(1 + \frac{6 \times 0.08}{2.2}\right)\ \text{kPa}$$
$$= 224.27\ \text{kPa}$$
$$< 1.2f_a = 1.2 \times 219.67\ \text{kPa} = 263.60\ \text{kPa}$$

满足条件。

最后，确定该柱基础底面长 $l = 2.2$ m，宽 $b = 1.6$ m。

C 基础配筋计算

（1）计算基础净反力。

偏心距：

$$e_{a,0} = \frac{M}{F} = \frac{58.15 + 19.49 \times 0.7}{732.30}\ \text{m} = 0.10\ \text{m}$$

基础边缘处的最大和最小净反力：

$$p_{\substack{n,max \\ n,min}} = \frac{F}{lb}\left(1 \pm \frac{6e_{a,0}}{l}\right) = \frac{732.30}{3.52} \times \left(1 \pm \frac{6 \times 0.10}{2.2}\right)\ \text{kPa} = \begin{matrix} 264.78\ \text{kPa} \\ 151.30\ \text{kPa} \end{matrix}$$

（2）基础高度（采用阶梯形基础）。

1）柱边基础截面抗冲切验算。

$l = 2.2$ m，$b = 1.6$ m，$a_t = b_c = a_c = 0.5$ m。

初步选择基础高度 $h = 700$ mm，从下至上分 400 mm、300 mm 两个台阶。$h_0 = 650$ mm（有垫层）。

$$a_t + 2h_0 = 0.5\ \text{m} + 2 \times 0.65\ \text{m} = 1.8\ \text{m} > b = 1.6\ \text{m}，取\ a_b = 1.6\ \text{m}$$

$$a_m = \frac{a_t + a_b}{2} = \frac{500 + 1600}{2}\ \text{mm} = 1050\ \text{mm}$$

因偏心受压，p_u 取 $p_{n,max}$。

冲切力：

$$F_l = p_{n,max}\left[\left(\frac{l}{2} - \frac{a_c}{2} - h_0\right)b - \left(\frac{b}{2} - \frac{b_c}{2} - h_0\right)^2\right]$$
$$= 264.78 \times \left[\left(\frac{2.2}{2} - \frac{0.5}{2} - 0.65\right) \times 1.6 - \left(\frac{1.6}{2} - \frac{0.5}{2} - 0.65\right)^2\right]\ \text{kN}$$
$$= 82.08\ \text{kN}$$

抗冲切承载力：

$$0.7\beta_{hp}f_t a_m h_0 = 0.7 \times 1.0 \times 1.43 \times 1050 \times 650\ \text{kN} = 683.18\ \text{kN} > 82.08\ \text{kN}$$

可以。

2）变阶处抗冲切验算。

$a_t = b_1 = 0.5\ \text{m} + 2 \times 0.3\ \text{m} = 1.1\ \text{m}$，$a_1 = b_1 = 1.1\ \text{m}$，$h_{01} = 400\ \text{mm} - 50\ \text{mm} = 350\ \text{mm}$

$$a_t + 2h_{01} = 1.1\ \text{m} + 2 \times 0.35\ \text{m} = 1.8\ \text{m} > b = 1.6\ \text{m}，取\ a_b = 1.6\ \text{m}$$

$$a_m = \frac{a_t + a_b}{2} = \frac{1100 + 1600}{2}\ \text{mm} = 1350\ \text{mm}$$

冲切力：

$$F_l = p_{n,\max}\left[\left(\frac{l}{2} - \frac{a_1}{2} - h_{01}\right)b - \left(\frac{b}{2} - \frac{b_1}{2} - h_{01}\right)^2\right]$$

$$= 264.789 \times \left[\left(\frac{2.2}{2} - \frac{1.1}{2} - 0.35\right) \times 1.6 - \left(\frac{1.6}{2} - \frac{1.1}{2} - 0.35\right)^2\right]\text{kN}$$

$$= 82.08\ \text{kN}$$

抗冲切承载力：

$$0.7\beta_{hp}f_t a_m h_0 = 0.7 \times 1.0 \times 1.43 \times 1350 \times 350\ \text{kN} = 472.97\ \text{kN} > 82.08\ \text{kN}$$

满足条件。

3）配筋计算。

①基础长边方向。

Ⅰ—Ⅰ截面（柱边）：

柱边净反力 $p_{n,1} = p_{n,\min} + \frac{l + a_c}{2l}(p_{n,\max} - p_{n,\min})$

$$= 151.30\ \text{kPa} + \frac{2.2 + 0.5}{2 \times 2.2} \times (264.78 - 151.30)\ \text{kPa} = 220.94\ \text{kPa}$$

弯矩 $M_1 = \frac{1}{48}(l - a_c)^2[(2b + b_c)(p_{n,\max} + p_{n,1}) + (p_{n,\max} - p_{n,1})b]$

$$= \frac{1}{48} \times (2.2 - 0.5)^2 \times [(2 \times 1.6 + 0.5) \times (264.78 + 220.94) +$$

$$(264.78 - 220.94) \times 1.6]\ \text{kN} \cdot \text{m} = 112.43\ \text{kN} \cdot \text{m}$$

$$A_{s,1} = \frac{M_1}{0.9 f_y h_0} = \frac{112.43 \times 10^6}{0.9 \times 360 \times 650}\ \text{mm}^2 = 533.86\ \text{mm}^2$$

Ⅲ—Ⅲ截面（变阶处）：

柱边净反力 $p_{n,3} = p_{n,\min} + \frac{l + a_1}{2l}(p_{n,\max} - p_{n,\min})$

$$= 151.30\ \text{kPa} + \frac{2.2 + 1.1}{2 \times 2.2} \times (264.78 - 151.30)\ \text{kPa}$$

$$= 236.41\ \text{kPa}$$

弯矩 $M_3 = \frac{1}{48}(l - a_1)^2[(2b + b_1)(p_{n,\max} + p_{n,3}) + (p_{n,\max} - p_{n,3})b]$

$$= \frac{1}{48} \times (2.2 - 1.1)^2 \times [(2 \times 1.6 + 1.1) \times (264.78 + 236.41) +$$

$(264.78 - 236.41) \times 1.6]$ kN·m = 54.21 kN·m

$$A_{s,3} = \frac{M_3}{0.9f_y h_{01}} = \frac{54.21 \times 10^6}{0.9 \times 360 \times 350}\ \text{mm}^2 = 478.04\ \text{mm}^2$$

比较 $A_{s,1}$ 和 $A_{s,3}$，应按 $A_{s,1}$ 配筋。

根据《建筑地基基础设计规范》(GB 50007—2011) 附录 U 得：截面计算宽度为

$$b_0 = \frac{bh_1 + b_1 h_2}{h} = \frac{1.6 \times 0.4 + 1.1 \times 0.3}{0.7}\ \text{m} = 1.39\ \text{m}$$

由于 $A_s = 533.86\ \text{mm}^2 < A_{s,\min} = 0.15\% b_0 h = 0.15\% \times 1390 \times 700\ \text{mm}^2 = 1459.5\ \text{mm}^2$，故取 $A_s = 1459.5\ \text{mm}^2$，实际配⌀ 14/16@190，$A_s = 1494.4\ \text{mm}^2$。

②基础短边方向。

因该基础受单向偏心荷载作用，所以在基础短边方向的基底反力可按均匀分布计算，取 $p_n = \frac{1}{2}(p_{n,\min} + p_{n,\max})$ 计算。

$$p_n = \frac{1}{2}(p_{n,\min} + p_{n,\max}) = \frac{1}{2} \times (264.78 + 151.30)\ \text{kPa} = 208.04\ \text{kPa}$$

Ⅱ—Ⅱ截面：

$$M_2 = \frac{1}{24} p_n (b - b_c)^2 (2l + a_c)$$
$$= \frac{1}{24} \times 208.04 \times (1.6 - 0.5)^2 \times (2 \times 2.2 + 0.5)\ \text{kN}\cdot\text{m}$$
$$= 51.39\ \text{kN}\cdot\text{m}$$

$$A_{s,2} = \frac{M_2}{0.9f_y h_0} = \frac{51.39 \times 10^6}{0.9 \times 360 \times 650}\ \text{mm}^2 = 244.02\ \text{mm}^2$$

Ⅳ—Ⅳ截面：

$$M_4 = \frac{1}{24} p_n (b - b_1)^2 (2l + a_1)$$
$$= \frac{1}{24} \times 208.04 \times (1.6 - 1.1)^2 \times (2 \times 2.2 + 1.1)\ \text{kN}\cdot\text{m}$$
$$= 11.92\ \text{kN}\cdot\text{m}$$

$$A_{s,4} = \frac{M_4}{0.9f_y h_{01}} = \frac{11.92 \times 10^6}{0.9 \times 360 \times 350}\ \text{mm}^2$$
$$= 105.11\ \text{mm}^2$$

比较 $A_{s,2}$ 和 $A_{s,4}$，应按 $A_{s,4}$ 配筋。

根据《建筑地基基础设计规范》(GB 50007—2011) 附录 U 得：截面计算宽度为

$$l_0 = \frac{lh_1 + a_1 h_2}{h} = \frac{2.2 \times 0.4 + 1.1 \times 0.3}{0.7}\ \text{m} = 1.73\ \text{m}$$

由于 $A_s = 105.11\ \text{mm}^2 < A_{s,\min} = 0.15\% b_0 h = 0.15\% \times 1730 \times 700\ \text{mm}^2 = 1816.5\ \text{mm}^2$，

故取 $A_s = 1816.5\ \text{mm}^2$，实际配$\Phi$ 12/14@ 160。$A_s = 1834.8\ \text{mm}^2$。

3.12.2.4 双柱联合基础

为方便施工单位的施工和支模，该双柱联合基础的立面设计与边柱柱下独立基础一致，左侧基础端部伸出 1300 mm，右侧基础伸出 3100 mm，布置方式如图 3-18 所示。

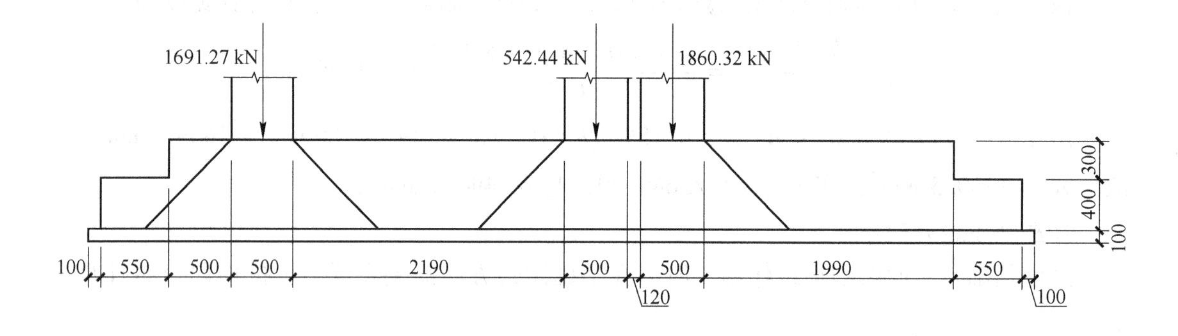

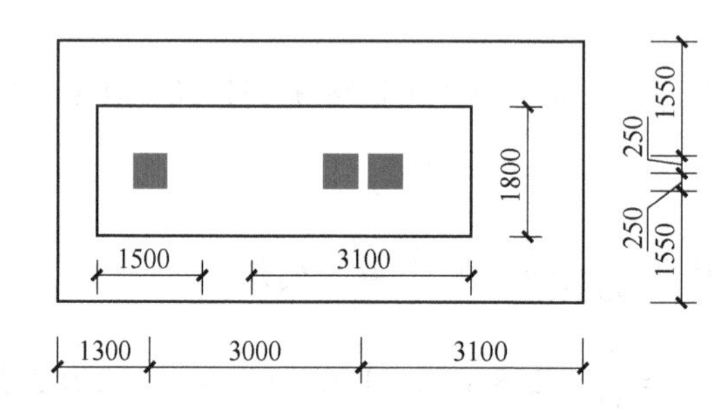

图 3-18 联合基础计算示意图（mm）

(1) 内力计算。

荷载中心与基础底面的形心是重合的。

净反力设计值的计算：

$$p_j = \frac{F}{bl} = \frac{(1691.27 + 2402.76) \times 1.35}{3.6 \times 7.4}\ \text{kPa} = 207.47\ \text{kPa}$$

$$bp_j = 3.6 \times 207.47\ \text{kN/m} = 746.89\ \text{kN/m}$$

基础的剪力图、弯矩图如图 3-19、图 3-20 所示。

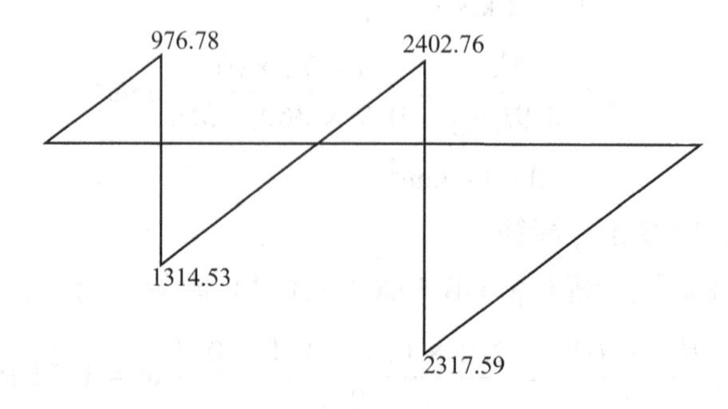

图 3-19 剪力图（kN）

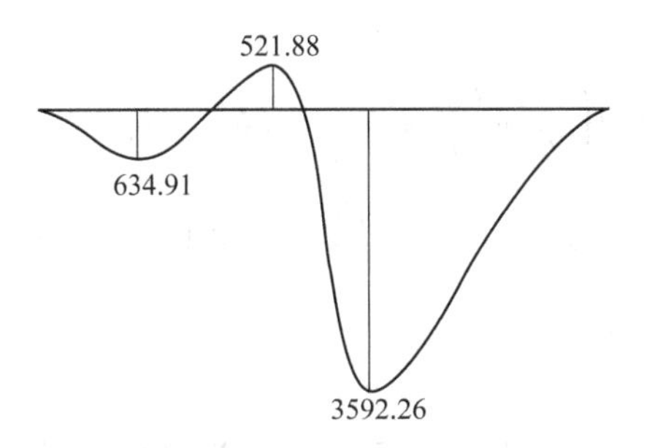

图 3-20 弯矩图（kN·m）

最大负弯矩：$M'_{max}=521.88\ \text{kN}\cdot\text{m}$，最大正弯矩：$M_{max}=3592.26\ \text{kN}\cdot\text{m}$。

（2）确定基础高度。

取 $h=700\ \text{mm}$，$h_0=700\ \text{mm}-50\ \text{mm}=650\ \text{mm}$。

1）柱①。

破坏锥体实际底面积：

$$A_1=\left(l_{01}+\frac{a_{c1}}{2}+h_0\right)(b_{c1}+2h_0)$$
$$=\left(1.3+\frac{0.5}{2}+0.65\right)\times(0.5+2\times0.65)\ \text{m}^2$$
$$=3.96\ \text{m}^2$$

上下周边平均值：

$$u_{m1}=2\left(l_{01}+\frac{a_{c1}}{2}+h_0\right)+(b_{c1}+h_0)$$
$$=2\times\left(1.3+\frac{0.5}{2}+0.65\right)\ \text{m}+(0.5+0.65)\ \text{m}$$
$$=5.55\ \text{m}$$

冲切力：

$$F_{l1}=F_2-p_jA_1=2402.76\times1.35\ \text{kN}-207.47\times3.96\ \text{kN}=2422.14\ \text{kN}$$

抗冲切力：

$$0.7\beta_{hp}f_tu_{m1}h_0=0.7\times1.0\times1.43\times5550\times650\ \text{kN}=3611.11\ \text{kN}>F_{l1}=2422.14\ \text{kN}$$

满足条件。

由于基础高度较大，因此无需配置受剪钢筋。

2）柱②。

破坏锥体实际底面积：

$$A_2=\left(l_{02}+\frac{a_{c2}}{2}+h_0\right)(b_{c2}+2h_0)$$
$$=\left(3.1+\frac{1.12}{2}+0.65\right)\times(0.5+2\times0.65)\ \text{m}^2$$
$$=7.76\ \text{m}^2$$

上下周边平均值：

$$u_{m2} = 2\left(l_{02} + \frac{a_{c2}}{2} + h_0\right) + (b_{c2} + h_0)$$

$$= 2 \times \left(3.1 + \frac{1.12}{2} + 0.65\right)\ \text{m} + (0.5 + 0.65)\ \text{m}$$

$$= 9.77\ \text{m}$$

冲切力：

$$F_{l2} = F_1 - p_j A_2 = 1691.27 \times 1.35\ \text{kN} - 207.47 \times 7.76\ \text{kN} = 673.25\ \text{kN}$$

抗冲切承载力：

$$0.7\beta_{hp} f_t u_{m1} h_0 = 0.7 \times 1.0 \times 1.43 \times 9770 \times 650\ \text{kN} = 6356.85\ \text{kN} > F_{l2} = 673.85\ \text{kN}$$

满足条件。

由于基础高度较大，因此无需配置受剪钢筋。

（3）抗冲切验算。计算截面在冲切破坏锥体底面边缘处。

1）柱①。

$$V_1 = F_2 - bp_j\left(l_{01} + \frac{a_{c1}}{2} + h_0\right)$$

$$= 2402.76 \times 1.35\ \text{kN} - 746.89 \times \left(1.3 + \frac{0.5}{2} + 0.65\right)\ \text{kN}$$

$$= 1600.57\ \text{kN}$$

$$< 0.7\beta_c f_t b h_0 = 0.7 \times 1.0 \times 1.43 \times 3600 \times 650\ \text{kN} = 2342.34\ \text{kN}$$

满足条件。

2）柱②的计算同柱①。

（4）配筋计算。

1）纵向配筋。

①底面配筋：

$$A_s = \frac{M_{max}}{0.9 f_y h_0} = \frac{3592.26 \times 10^6}{0.9 \times 360 \times 650}\ \text{mm}^2 = 17057.26\ \text{mm}^2$$

钢筋根数：$n = \frac{3600 - 100}{100}$ 根 + 1 根 = 36 根

实际配筋：$A_s = 36 \times 490.9\ \text{mm}^2 = 17672.4\ \text{mm}^2 > 17057.26\ \text{mm}^2$，满足。即实配钢筋⌀ 25@ 100。

②顶面配筋：

$$A_s = \frac{M'_{max}}{0.9 f_y h_0} = \frac{521.88 \times 10^6}{0.9 \times 360 \times 650}\ \text{mm}^2 = 2478.06\ \text{mm}^2$$

实配钢筋⌀ 10@ 100，实际配筋：$A_s = 2826\ \text{mm}^2 > 2478.06\ \text{mm}^2$，满足。

2）横向配筋。

①柱①。

$$M=\frac{F_2}{2b}\left(\frac{b-b_{c1}}{2}\right)^2=\frac{2402.76\times1.35}{2\times3.6}\times\left(\frac{3.6-0.5}{2\times3.6}\right)^2\ \text{kN}\cdot\text{m}$$

$$=1082.37\ \text{kN}\cdot\text{m}$$

$$A_{s1}=\frac{M}{0.9f_y(h_0-d)}=\frac{1082.37\times10^6}{0.9\times360\times(650-25)}\ \text{mm}^2=5345.04\ \text{mm}^2$$

②柱②。

$$M=\frac{F_1}{2b}\left(\frac{b-b_{c2}}{2}\right)^2=\frac{1691.27\times1.35}{2\times3.6}\times\left(\frac{3.6-0.5}{2\times3.6}\right)^2\ \text{kN}\cdot\text{m}$$

$$=761.86\ \text{kN}\cdot\text{m}$$

$$A_{s2}=\frac{M}{0.9f_y(h_0-d)}=\frac{761.86\times10^6}{0.9\times360\times(650-25)}\ \text{mm}^2=3762.27\ \text{mm}^2$$

比较 A_{s1} 与 A_{s2}，按 A_{s1} 配筋。

每米宽配筋面积：$\frac{A_{s1}}{l}=\frac{5345.04}{7.4}\ \text{mm}^2=722.30\ \text{mm}^2$，实配⏀10/12@130，即实配钢筋 $A_s=5453.8\ \text{mm}^2>5345.04\ \text{mm}^2$，满足。

4 框架结构电算

4.1 常用电算软件介绍

随着计算机硬件技术的发展和建筑结构分析理论的日臻完善，计算机辅助设计软件系统在建筑设计领域得到越来越广泛的应用。

《混凝土结构设计规范》(GB 50010—2010) 第5节给出了混凝土结构进行结构分析的基本原则、分析模型的选取以及不同的分析目的应对应不同的计算方法。

《建筑抗震设计规范》(GB 50011—2010) 第3.6.6条明确说明利用计算机进行结构抗震分析，应符合下列要求。

(1) 计算模型的建立、必要的简化计算与处理，应符合结构的实际工作状况，计算中应考虑楼梯构件的影响。

(2) 计算软件的技术条件应符合本规范及有关标准的规定，并应阐明其特殊处理的内容和依据。

(3) 复杂结构在多遇地震作用下的内力和变形分析时，应采用不少于两个合适的不同力学模型，并对其计算结果进行分析比较。

(4) 所有计算机计算结果，应经分析判断确认其合理、有效后方可用于工程设计。

下面结合各结构分析软件供应商提供的计算机辅助设计软件系统说明书简要介绍其各自的特点。

4.1.1 PKPM 系列

4.1.1.1 PKPM 系列 CAD 软件总体介绍

PKPM 是中国建筑科学研究院建筑工程软件研究所研发的工程软件。中国建筑科学研究院建筑工程软件研究所是我国建筑行业计算机技术开发应用的最早单位之一。它以国家级行业研发中心、规范主编单位、工程质检中心为依托，技术力量雄厚。

PKPM 没有明确的中文名称，一般就直接读 PKPM 的英文字母。命名是这样的：最早这个软件只有两个模块，PK（排架框架设计）、PMCAD（平面辅助设计），因此合称 PKPM。经过多年的发展这两个模块依然还在，功能也大大加强，更加入了大量功能更强大的模块，但是软件名称却未修改，还是 PKPM。

PKPM 是一个系列，除了建筑、结构、设备（给排水、采暖、通风空调、电气）设计于一体的集成化 CAD 系统以外，PKPM 还有建筑概预算系列（钢筋计算、工程量计算、工程计价）、施工系列软件（投标系列、安全计算系列、施工技术系列）、施工企业信息化系列（全国很多特级资质的企业都在用 PKPM 的信息化系统）。

PKPM 在国内设计行业占有绝对优势，拥有用户上万家，市场占有率达 90%以上，现已成为国内应用最为普遍的 CAD 系统。它紧跟行业需求和规范更新，不断推陈出新，开发出对行业产生巨大影响的软件产品，使国产自主知识产权的软件十几年来一直占据我国结构设计行业应用和技术的主导地位，及时满足了我国建筑行业快速发展的需要，显著提高了设计效率和质量，为实现住房和城乡建设部提出的“甩图板”目标做出了重要贡献。

4.1.1.2 结构平面计算机辅助设计软件（PMCAD）

PMCAD 是整个结构 CAD 的核心，它建立的全楼结构模型是 PKPM 二维、三维结构计算软件的前处理部分，也是梁、柱、剪力墙、楼板等施工图设计软件和基础 CAD 的必备接口软件。

PMCAD 也是建筑 CAD 与结构的必要接口。它可以用简便易学的人机交互方式输入各层平面布置及各层楼面的次梁、预制板、洞口、错层、挑檐等信息和外加荷载信息，在人机交互过程中提供随时中断、修改、拷贝复制、查询、继续操作等功能。

自动进行从楼板到次梁、次梁到承重梁的荷载传导并自动计算结构自重，自动计算人机交互方式输入的荷载，形成整栋建筑的荷载数据库，可由用户随时查询修改任何一部位数据。因此数据可自动给 PKPM 系列各结构计算软件提供数据文件，也可为连续次梁和楼板计算提供数据。

绘制各种类型建筑的结构平面图和楼板配筋图。包括柱、梁、墙、洞口的平面布置、尺寸、偏轴、画出轴线及总尺寸线，画出预制板、次梁及楼板开洞布置，计算现浇楼板内力与配筋并画出板配筋图。画砖混结构圈梁构造柱节点大样图。

作砖混结构和底层框架上层砖房结构的抗震分析验算。

统计结构工程量，并以表格形式输出。

4.1.1.3 钢筋砼框架、框排架、连续梁结构计算与施工图绘制软件（PK）

（1）PK 模块具有二维结构计算和钢筋混凝土梁柱施工图绘制两大功能。模块本身提供一个平面杆系的结构计算软件，适用于工业与民用建筑中各种规则和复杂类型的框架结构、框排架结构、排架结构、剪力墙简化成的壁式框架结构及连续梁、拱形结构、桁架等，规模在 30 层、20 跨以内。

在整个 PKPM 系统中，PK 承担了钢筋混凝土梁、柱施工图辅助设计的工作。除接力 PK 二维计算结果，可完成钢筋混凝土框架、排架、连续梁的施工图辅助设计外，还可接力多高层三维分析软件 TAT、SATWE、PMSAP 计算结果及砖混底框、框支梁计算结果，可为用户提供四种方式绘制梁、柱施工图，包括梁柱整体画、梁柱分开画、梁柱钢筋平面图表示法和广东地区梁表柱表施工图，绘制 100 层以下高层建筑的梁柱施工图。

（2）PK 软件可处理梁柱正交或斜交、梁错层、抽梁抽柱、底层柱不等高、铰接屋面梁等各种情况，可在任意位置设置挑梁、牛腿和次梁，可绘制十几种截面形式的梁，可绘制折梁、加腋梁、变截面梁、矩形梁、工字梁、圆形柱或排架柱，柱箍筋形式多样。

（3）按新规范要求作强柱弱梁、强剪弱弯、节点核心区、柱轴压比、柱体积配箍率的计算与验算，还进行罕遇地震下薄弱层的弹塑性位移计算、竖向地震力计算、框架梁裂缝宽度计算、梁挠度计算。

（4）按新规范和构造手册自动完成构造钢筋的配置。

（5）具有很强的自动选筋、层跨剖面归并、自动布图等功能，同时又给设计人员提供多种方式干预选钢筋、布图、构造筋等施工图绘制结果。

(6) 在中文菜单提示下，提供丰富的计算模型简图及结果图形，提供模板图及钢筋材料表。

(7) 可与“PMCAD”软件联接，自动导荷并生成结构计算所需的平面杆系数据文件。

(8) 程序最终可生成梁柱实配钢筋数据库，为后续的时程分析、概预算软件等提供数据。

4.1.1.4 高精度计算剪力墙的软件 SATWE

SATWE 是中国建筑科学研究院 PKPM CAD 工程部应现代高层建筑发展的要求，专门为高层结构分析与设计而开发的基于壳元理论的三维组合结构有限元分析软件。为 Space Analysis of Tall-buildings with Wall-Element 的词头缩写。其核心是解决剪力墙和楼板的模型化问题，尽可能地减小其模型化误差，提高分析精度，使分析结果能够更好地反映出高层结构的真实受力状态。

(1) SATWE 采用空间杆单元模拟梁、柱及支撑等杆件。采用在壳元基础上凝聚而成的墙元模拟剪力墙。对于尺寸较大或带洞口的剪力墙，按照子结构的基本思想，由程序自动进行细分，然后用静力凝聚原理将由于墙元的细分而增加的内部自由度消去，从而保证墙元的精度和有限的出口自由度。墙元不仅具有墙所在的平面内刚度，也具有平面外刚度，可以较好地模拟工程中剪力墙的实际受力状态。

(2) 对于楼板，SATWE 给出了四种简化假定，即楼板整体平面内无限刚、分块无限刚、分块无限刚加弹性连接板带和弹性楼板。在应用中，可根据工程实际情况和分析精度要求，选用其中一种或几种简化假定。

(3) SATWE 适用于高层和多层钢筋砼框架、框架-剪力墙、剪力墙结构，高层钢结构或钢-砼混合结构，以及复杂体型的高层建筑、多塔、错层、转换层及楼板局部开洞等特殊结构型式。

(4) SATWE 可完成建筑结构在恒、活、风、地震力作用下的内力分析及荷载效应组合计算，对钢筋砼结构还可完成截面配筋计算。

(5) 可进行上部结构和地下室联合工作分析，并进行地下室设计。

(6) SATWE 所需的几何信息和荷载信息都从 PMCAD 建立的建筑模型中自动提取生成并有多塔、错层信息自动生成功能，大大简化了用户操作。

(7) SATWE 完成计算后，可经全楼归并接力 PK 绘梁、柱施工图，接力 JLQ 绘剪力墙施工图，并可为各类基础设计软件提供设计荷载。

4.1.1.5 复杂空间结构设计软件 PMSAP

复杂空间结构设计软件 PMSAP 是 PKPM CAD 工程部继 SATWE 之后推出的又一个三维建筑结构设计软件。PMSAP 能对结构做线弹性范围内的静力分析、固有振动分析、时程响应分析和地震反应谱分析，并依据规范对混凝土构件、钢构件进行配筋设计或验算。除了程序结构上的通用性，PMSAP 在开发进程中着重考虑了结构分析在建筑领域中的特殊性，对剪力墙采用精度高、适应性强的壳元模式，并提供了“简化模型”和“细分模型”两种计算方式；针对楼板及厚板转换层，开发了子结构模式的多边形壳元，它可以比较准确地考虑楼板对整体结构性能的影响，也可以比较准确地计算楼板自身的内力和配筋；并可做施工模拟分析、温度应力分析、预应力分析、活荷载不利布置分析等。与一般通用与专用程序不同，PMSAP 中提出了“二次位移假定”的概念并加以实现，使得结构分析的速度与精度得到兼顾。工程上通常模拟楼板采用的刚性膜假定、模拟转换层采用的空间刚体假定，都是“二次位移假定”的特例。

PMSAP 与 SATWE 两种软件的侧重点有所不同。PMSAP 更多地考虑了各种复杂情况，但对于多数建筑结构的分析、设计而言，它们的功能是基本相当的。当复杂空间结构需要采用两个及以上计算程序做对比时，SATWE 和 PMSAP 是一种选择方法。两者都可以与 PMCAD、STS 对接，从中提取建模数据，在进行对比升算时，可省去多次建模的烦琐工作，减少建模出错机会。

4.1.1.6 在 PKPM 系列 CAD 软件中起承前启后作用的三维空间分析程序 TAT

TAT 是一个三维空间分析程序，它采用空间杆系计算柱梁等杆件，采用薄壁柱原理计算剪力墙。TAT 用来计算高层和多层的框架、框架—剪力墙和剪力墙结构，适用于平面和立面体型复杂的结构形式，TAT 完成建筑结构在恒荷载、活荷载、风荷载、地震作用下的内力计算和地震作用计算，完成荷载效应组合，并对钢筋混凝土结构完成截面配筋计算，对钢结构进行强度稳定的验算。可考虑梁的活荷载最不利布置，同时适用于计算一般多层民用建筑及工业厂房。

TAT 还可完成多、高层钢结构或钢—混凝土混合结构的计算，程序对水平支撑、斜支撑、斜柱等均作了考虑。

TAT 与 TAT-D 接力运行作超高层建筑的动力时程分析，与 FEQ 接力对框支结构局部作高精度有限元分析，对厚板接力厚板转换层的计算。

TAT 善于处理高层建筑中多塔、错层等特种结构，其中包括大底盘上部高塔，上部或中部连接下部多塔情况，对多塔、错层信息的判断处理是程序根据建筑模型智能地自动生成的。

TAT 是 PKPM 系列 CAD 软件中的重要一环，由于采用空间模型作结构分析，起到承前启后的关键作用，TAT 从 PMCAD 生成数据文件，从而省略数据填表。TAT 计算后可经全楼归并接力 PK 画梁柱施工图，接力 JLQ 完成剪力墙施工图，用 PMCAD 完成结构平面图，接力各基础 CAD 模块传导基础荷载完成基础的计算和绘图。TAT 的存在使 PKPM CAD 成为有效的高层建筑 CAD 系统，并使整个 CAD 系统的应用水平更上一层楼。

4.1.2 盈建科（YJK）结构设计软件

盈建科（YJK）结构设计软件系统是一套全新的集成化建筑结构辅助设计系统，功能包括结构建模、上部结构计算、基础设计、砌体结构设计、施工图设计、开放的接口六大方面。

YJK 可提供的专业设计施工图模块，包含了当前行业热点应用的各类模块，种类齐全。

4.1.2.1 既包含结构设计软件，又包含建筑专业和机电专业

YJK 建筑结构设计软件是当前主流应用的设计软件系统，代表了行业发展的最新应用和水平。

YJK 建筑结构设计软件是一套全新的集成化建筑结构辅助设计系统，功能包括结构建模、上部结构计算、基础设计、砌体结构设计、施工图设计和接口软件等方面，适用于各种规则或复杂体型的多、高层钢筋混凝土框架、框剪、剪力墙、简体结构以及钢-混凝土

混合结构和高层钢结构等。它是当前国内应用广泛的、极具影响力的设计软件系统。

多年来，YJK 结构设计软件解决了大量行业发展的难点热点问题，在优化设计、节省材料、解决超限、抗震设计、减震隔震、BIM 应用、协同应用等方面特点突出，并形成包括自主图形平台、力学有限元计算核心、专业设计规范、施工图辅助设计、开放的数据中心的综合技术优势。

系统同时提供建筑专业和机电专业设计软件。既有 YJK 自主 BIM 平台的建筑软件和机电软件，同时也提供国外广泛应用的建筑 ArchiCAD 和机电 Rebro 软件。

4.1.2.2 既包含建筑工程方面，又包含桥梁工程

YJK 可提供建筑工程方面最全最多种类的软件，同时还提供桥梁设计软件。YJK 桥梁设计软件采用智能设计方法，具有功能强、上手快、操作简便等突出特点，包括桥梁、支墩、基础的完整设计，集成了地震工况设计，只用同类软件不到 30%的时间精力就可完成同样的设计工作，可打破目前国内桥梁软件由外国产品垄断的局面。

YJK 桥梁设计软件基于盈建科有限元计算内核，长达十余年行业沉淀，数以万计的建筑结构案例，严谨的桥梁模型对比测试。符合工程设计流程的全新建模流程，最大限度减少工程师的建模时间，最直观的钢筋钢束建模方式并且荷载、边界、施工阶段均可自动生成。基于盈建科自有 BIM 平台，完全自研的分析设计内核，完美地呈现三维效果并可与 CAD 软件无缝对接。集桥梁有限元计算及设计于一体，可将几何模型智能转化为有限元模型，并可通过快速识别二维图纸转化为三维模型。

盈建科桥梁设计软件功能亮点：

（1）集智能化、有限元、设计于一体；

（2）全新盈建科截面，更符合工程实际意义的参数截面，输入更快捷；

（3）便捷的位置截面建模，支持变化曲线分开定义；

（4）三维钢束快速布置，支持以顶底输入钢束形状，以腹板为基准布置钢束，斜腹板自动旋转角度，有限元模型生成时自动绑定到施工阶段；

（5）施工阶段自动快速生成，通过少量的参数输入，自动划分模型施工阶段，并生成有限元模型；

（6）完整的下部结构解决方案，含盖梁、墩柱、系梁、基础等；

（7）智能化生成有限元模型，含边界、荷载、收缩徐变等；

（8）有限元模型可以支持模型的二次编辑提升建模的自由度；

（9）支座沉降、移动荷载自动化处理解决，自动生成工况；

（10）多片梁横向分布智能解决，考虑 T 梁、小箱梁横向分布时更准确更合理；

（11）快速的施工图建模功能，通过施工图立面、断面、平面分析合成三维有限元模型；

（12）各项工况计算结果准确，与市场主流产品的误差低于 5%；

（13）支持截面任意位置应力点应力计算，可查看任意施工阶段、任意工况、任意单元位置处的应力；

（14）智能化抗震设计流程，自动判断抗震验算状态；

（15）智能化抗倾覆解决方案，自动生成倾覆轴并判断抗倾覆状态；

（16）更准确的设计结果，对复杂截面不再近似处理求解，而是采用精细化数值解析

求解，让设计结果更准确；

（17）精细化设计功能，可快速检查某个截面位置验算结果，帮助工程师快速查看调整；

（18）支持计算书的模板定制，内容定制；

（19）丰富的扩展接口，支持 MCT、XML、IFC 接口扩展功能，既可以满足模型快速导入导出也可支持 BIM 文件对接；

（20）自带的 XML 文件编辑器，将模型数据转化为可视化的表格信息，提供更直观的数据文件编辑和导入方式；

（21）最新的 Midas 接口不仅可以支持输出 mct 文件生成 midas 模型，也支持读取 mct 文件生成盈建科模型；

（22）BIM 数据联动，通过盈建科 BIM 平台实现盈建科桥梁软件与 BIM 数据联动，盈建科桥梁软件模型导入到盈建科 BIM 平台，也可导出到施工图软件，实现 BIM、设计、施工图互通互联。

4.1.2.3 既包括传统的建筑形式，还包含新兴的装配式建筑

YJK 装配式软件紧跟当前行业推广装配式建筑的需求，及时满足了各类预制构件形式的要求，既可用于装配式建筑设计，又可用于施工单位的深化设计与生产线加工。该模块可用于 1+*X* 装配式证书深化设计考试。

YJK 装配式结构设计软件 YJK-AMCS，是在 YJK 的结构设计软件的基础上，针对装配式结构的特点，依据《装配式混凝土结构技术规程》（JGJ1—2014）及《装配式混凝土结构连接节点构造》G310-1～2 图集等，利用 BIM 技术开发而成的专业应用软件，旨在满足装配式结构的设计、生产、施工单位不同需求。软件提供了预制混凝土构件的脱模、运输、吊装过程中的单构件验算，整体结构分析及相关内力调整、构件及连接设计功能。

可实现三维构件拆分、施工图及详图设计、构件加工图、材料清单、多专业协同、构件预拼装、施工模拟与碰撞检查、构件库建立，与工厂生产管理系统集成，预制构件信息和数字机床自动生产线的对接。

YJK 装配式结构设计软件可进行装配式结构的全流程设计，可完成装配式建筑的结构设计、深化设计、构件加工，安装企业利用该软件可完成构件深化设计、企业构件库建立，实现预制构件信息和数字机床自动生产线的对接，实现施工过程模拟，同时实现与现有系统的集成。工程总包单位可利用 BIM 平台实现装配式建筑设计、生产、施工一体化解决方案。

4.1.2.4 既可满足传统功能要求，又可满足新兴的绿色建筑设计和碳排放计算设计的要求

YJK 提供绿色建筑设计要求的节能计算软件，同时提供建筑碳排放计算软件，碳排放计算软件是根据最新的、2022 年 4 月实施的《建筑节能与可再生能源利用通用规范》（GB 55015—2021）和《建筑碳排放计算标准》（GB/T 51366—2019）研制的，支持绿色建筑生命全周期碳排放计算，智能化操作简便，且功能全面。

盈建科绿色建筑设计软件，是一款基于盈建科自主 BIM 三维平台研发的，采用真实三维构件模型的绿色建筑设计软件，由建筑三维建模子系统、建筑节能计算子系统和建筑碳排放计算子系统等组成。建筑三维建模子系统包含 AutoCAD 平台上盈建科建筑专业协调工具。

软件从三维模型建模显示到三维交互赋值修改，可以快速准确地根据项目实际情况进行计算。盈建科自主三维图形平台的优势，保证了模型显示的流畅性、稳定性。盈建科自主创新的转图纸为模型的协同工具，以及各种材料的建议参数、不同系统设置的默认计算参数，有效地提高了设计人员的计算速度。

4.1.2.5 既提供设计模块，又提供满足施工要求的识图翻模软件

YJK施工图识图翻模软件，可对建筑、结构、机电（给排水、电气、采暖通风空调）施工图纸进行识图翻模，即把施工图纸翻成三维模型，翻出的模型既可用于造价分析、施工阶段的应用，又可用于既有建筑的加固改造。

软件采用智能识图技术，仅用简单的几步操作，在极短时间内就可翻出全楼模型。应用该模块可用现代手段帮助学生学习理解各类施工图，通过三维实际模型与图纸对比的方法，形象地认知建筑模型和各类建筑构件。

主要技术特点：

（1）智能分析图形，自动识别图纸内容，图层匹配可通过导入各单位图层标准、常用图层库等提高识别准确率；

（2）以轴线及平面图名为核心自动组装全楼模型和协同各专业图纸；

（3）平面图、图表、说明联合识别，从而转换内容全面，识别各类图表，如楼层表、门窗表、钢结构截面表、连梁表、墙柱表、墙身表等，识别各类图纸说明，如总说明、各平面图说明等；

（4）提供各平面图之间的借用手段，如识别梁的 X 向平法图时可借用 Y 向平法图，从而一次完成全部梁钢筋的识别；

（5）可逐级搭建完整的全楼模型，如结构模型转换时，通过转换梁、剪力墙、楼板、楼梯图逐步完成梁、剪力墙、楼板及板洞、挑檐、楼梯模型的搭建；

（6）提供方便的转模型数据检查功能，加亮未正常识别构件；

（7）提供衬图下的交互补充建模方式，还提供对转出模型方便的修正功能；

（8）识别钢筋准确率高，并明确标出未能正常识别的构件供用户补充，给出三维钢筋表达，即时统计钢筋工程量，并接力后续的钢筋统计、校审、鉴定加固等；

（9）细部构造识别，可识别结构挑檐、建筑凸窗、楼梯剖面等细部信息，使三维模型显示更加完整；

（10）高效地导入Revit，还支持输出IFC格式。

4.1.2.6 既有Revit等外国软件接口，又提供自主BIM平台产品

盈建科软件提供了国内外各种软件的接口，包括YJK-REVIT、YJK-ETABS、YJK-SAP2000、YJK-MIDAS GEN、YJK-PDMS、YJK-PDS、YJK-ABAQUS、YJK-STAAD、YJK-广厦、YJK-Tekla、YJK-Bentley，还有Perform3D接口、Planbar接口、uni接口、PXML接口等。囊括了市面上所有和设计相关的软件的接口，真正实现了一模多用，节省了设计师的宝贵时间。

YJK的所有软件都建立在自主开发的图形平台上，软件提供对标Revit的自主BIM产品，YJK的BIM平台，提供建筑、结构、机电、桥梁等专业建模，在三维显示、三维造型的效率和效果都达到世界先进水平，在用户自定义实体的约束求解方面可接力既有族类定义，平台还提供三维碰撞检查、调整等协同设计手段。

4.2 框架结构电算实例

本节以 YJK 软件为例介绍计算机辅助设计软件的应用。

4.2.1 建模部分

主要内容包括输入轴线、建立建筑模型、输入荷载，以及楼层组装。通过以上几步完成结构整体模型的输入。

4.2.1.1 轴线输入

（1）新建一个文件夹，重新命名为某教学楼。

（2）打开 YJK，将第一步建立的文件夹的路径复制到 YJK 的当前工作目录当中，进入程序后输入工程名（例如办公楼），点击“确定”进入程序。主菜单从上向下包括轴线输入、网格生成、楼层定义、荷载输入、楼层组装等几项内容，这也是建立模型的步骤，可以按照 YJK 给出的菜单一步步地进行。

（3）轴线输入。点击“轴线网格”，出现下拉菜单，对于一般的轴线，用正交轴网进行轴线输入，如图 4-1 所示，开间从右向左依次输入开间宽度，若某些连续跨的开间尺寸

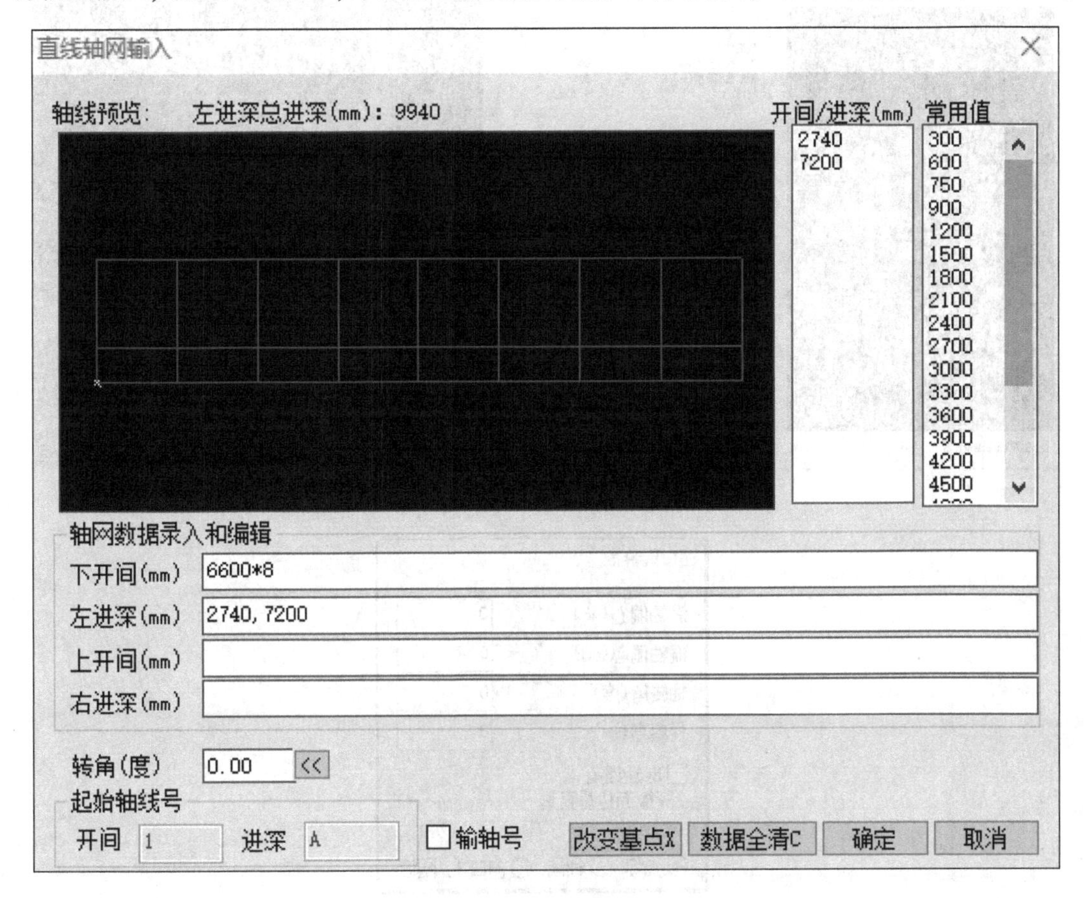

图 4-1 轴网输入

相同，可以直接写为跨度×跨数（例如本工程跨度相同，可以直接输入6600×8）。开间输入完成以后，继续输入左进深，左进深从下向上依次输入，完成以后点击“确定”，在屏幕中选择一个插入点，在屏幕上就显示出了整体的网格图形。若需要继续完善网格，可以采用两点直线、圆弧等方法，进一步对网格进行细化。

4.2.1.2 楼层定义

楼层定义中可以布置梁、柱、板、墙等，并对布置的构件进行修改。

（1）柱布置。轴网确定以后，下一步布置框架柱。框架柱的大小根据结构的抗震等级和层数进行初步估算。点击“构件布置”，弹出柱截面列表，然后点击“添加”，新建一个柱子，如图4-2所示，截面类型根据需要选择方形柱子，截面类型为1，截面宽度和高度为500 mm，材料类别选择6（混凝土），也可以选择0，程序默认0为混凝土。有其他不同大小的柱子，可以继续新建柱子。柱子截面和材料输入完毕以后点击“确定”，就可以在轴网上布置柱子。沿轴偏心和偏轴偏心是柱截面形心点横向偏离、纵向偏离节点的距离。

向下偏为负，向上偏为正，向左偏为负，向右偏为正。根据实际情况确定柱子偏心距离。选择窗口布置方式将柱子放到相应的节点上。

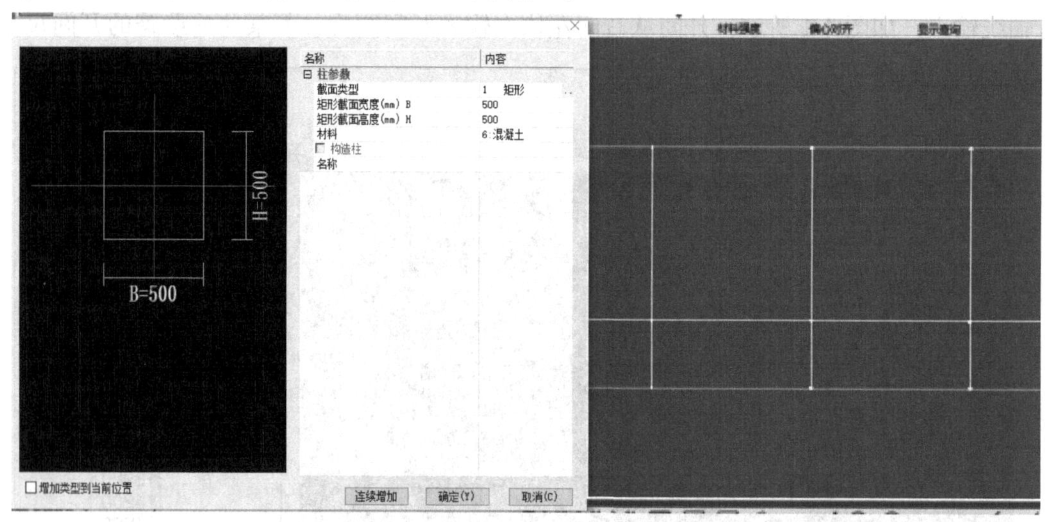

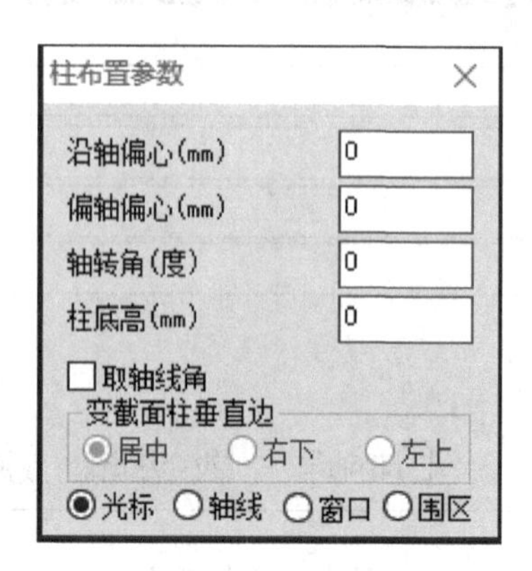

图4-2 柱输入

（2）主梁布置。主梁的布置方式与柱子的布置方式相同，如图 4-3 所示，一般情况下，为了增强整个建筑物的抗扭性能，宜将边框梁适当地加强。梁的偏心宜与建筑的墙体平面布置对应，但对于高层建筑，当柱截面较大时，也可以不对应。次梁的布置也可以将次梁作为主梁进行布置，梁必须布置在轴线上，若次梁上没有轴线，可以按照两点直线的方式建立次梁的轴线，再在轴线上布置次梁，为了方便施工及钢筋排放，次梁的截面高度一般比主梁小 50 mm，宽度可以取为 200 mm，与建筑的墙宽保持一致。

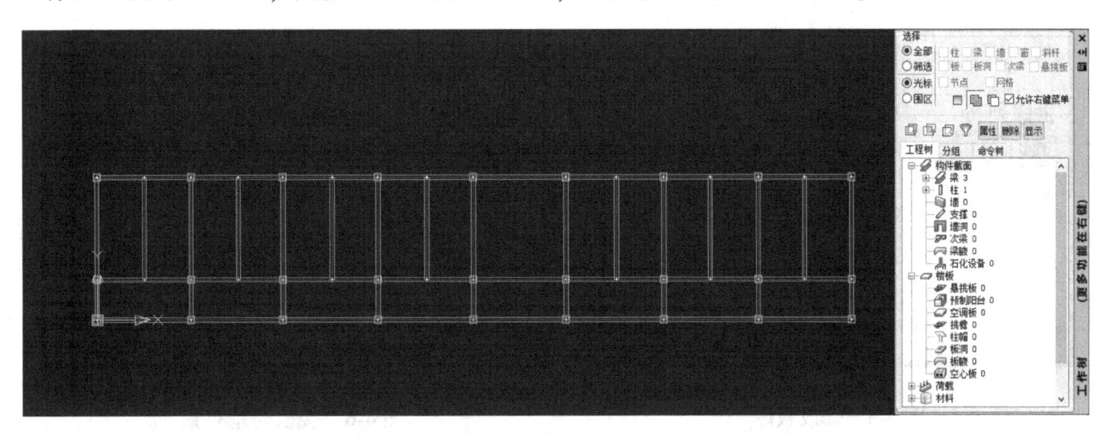

图 4-3　梁布置

（3）本层标准信息。点击“本层标准信息”，弹出对话框如图 4-4 所示，需要在该对话框中输入本层的一些基本信息。双向板的厚度一般为跨度的 1/40，最小厚度为 80 mm。

考虑到设备管线的预埋，一般情况下板厚取 100 mm。混凝土的强度等级取 C30，钢筋类别取 HRB 400，层高取 5000 mm。但是该信息中的层高只用于定向观察某一轴线立面时做立面高度的值，实际各层的层高数据在楼层组装中确定输入。

标准层信息

标准层高(mm)	5000
板厚(mm)	100
柱混凝土强度等级	30
梁混凝土强度等级	30
剪力墙混凝土强度等级	30
板混凝土强度等级	30
支撑混凝土强度等级	25
柱钢筋保护层厚度(mm)	20
梁钢筋保护层厚度(mm)	20
板钢筋保护层厚度(mm)	15
墙钢筋保护层厚度(mm)	15

柱主筋级别	HRB400
梁主筋级别	HRB400
墙主筋级别	HRB400
板主筋级别	HPB300
柱箍筋级别	HRB400
梁箍筋级别	HRB400
边缘构件箍筋级别	HPB300
墙水平分布筋级别	HPB300
墙竖向分布筋级别	HRB335
柱钢构件钢材	Q235
梁钢构件钢材	Q235
墙钢构件钢材	Q235
支撑钢构件钢材	Q235
其它钢构件钢材	Q235

确定(Y)　取消(C)

图 4-4　标准层信息

（4）楼板生成。进入楼板布置，点击“生成楼板”，程序会按照本层信息中输入的楼板厚度生成楼板的厚度。楼板生成以后，如果某些楼板的板跨较大，或者较小，板厚与本层信息中输入的板厚不同，可以将该楼板板厚进行局部修改。点击“修改板厚”，如图4-5所示，输入修改后的板厚，对该楼板的板厚进行修改。对于楼梯间，一般情况下，输入为0 mm。由于防水要求，卫生间的板的标高比楼面标高要低，点击“楼板错层”，输入楼板的高差，向下为正，如图4-6所示。

图4-5　修改板厚

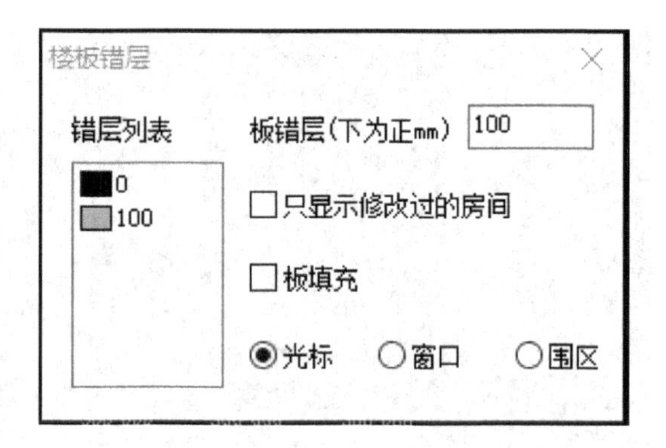

图4-6　楼板高差布置

对于电梯间需要在板上开洞，点击“全房间洞”，在相应的位置开洞，板上开洞以后，该位置就不再有楼板，荷载输入时，该位置也没有荷载。

4.2.1.3　荷载输入

平面模型建立完成以后，进入荷载输入，输入楼面荷载、梁间荷载等内容。

（1）恒荷载及活荷载设置。点击自动计算现浇板自重，程序自动根据输入的板厚和混凝土容重计算出楼板自重。若不点击自动计算现浇板自重，在输入楼板恒荷载时，需要手动计算楼板自重，连同建筑面层自重共同作为楼面恒荷载布置。楼面的恒荷载根据实际情况计算取值，楼面活荷载根据《建筑结构荷载规范》(GB 50009—2012）第5.1.1条取值，一般教学楼的楼面活荷载标准值取为2.5 kN/m^2。活荷载的折减参见《建筑结构荷载规范》(GB 50009—2012）第5.1.2条。

（2）点击“楼面荷载”，输入楼面恒荷载和活荷载，如图4-7所示。楼面恒荷载和活荷载默认的数值为恒荷载、活荷载设置时输入的数值。当某些房间的恒荷载或者活荷载与设置的不同时，点击楼面恒荷载或者楼面活荷载进行修改。一般情况下，需要修改的功能房间为卫生间（活荷载为2.5 kN/m^2）、楼梯间（活荷载为3.5 kN/m^2）、走廊（活荷载为3.5 kN/m^2）、阳台（活荷载为3.5 kN/m^2）等。

（3）梁间荷载。对于框架结构，当梁上有填充墙时，将填充墙作为线恒荷载加到梁上。对于200 mm厚的内墙，线荷载按照2.2 kN/m^2×（层高-梁高）进行计算，对于外墙，按照2.5 kN/m^2×（层高-梁高）进行计算。当有门窗洞口时，可以按照下式对梁上线荷载进行折减。如图4-8所示。

$$g = [(\text{层高} - \text{梁高}) \times \text{墙长} \times q - \text{门窗面积} \times q] / \text{墙长}$$

式中　q——线荷载值，对于内墙取2.2 kN/m^2，对于外墙取2.5 kN/m^2。

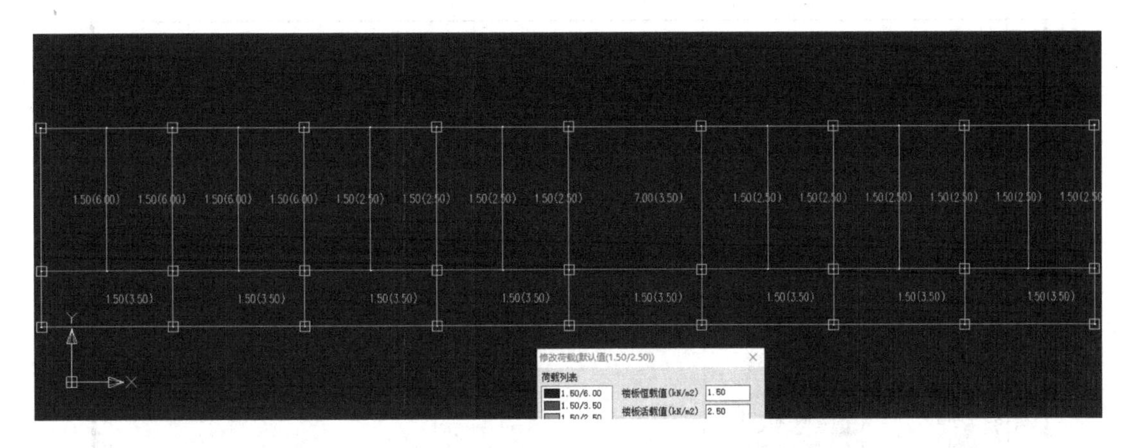

图 4-7　楼板恒荷载、活荷载布置

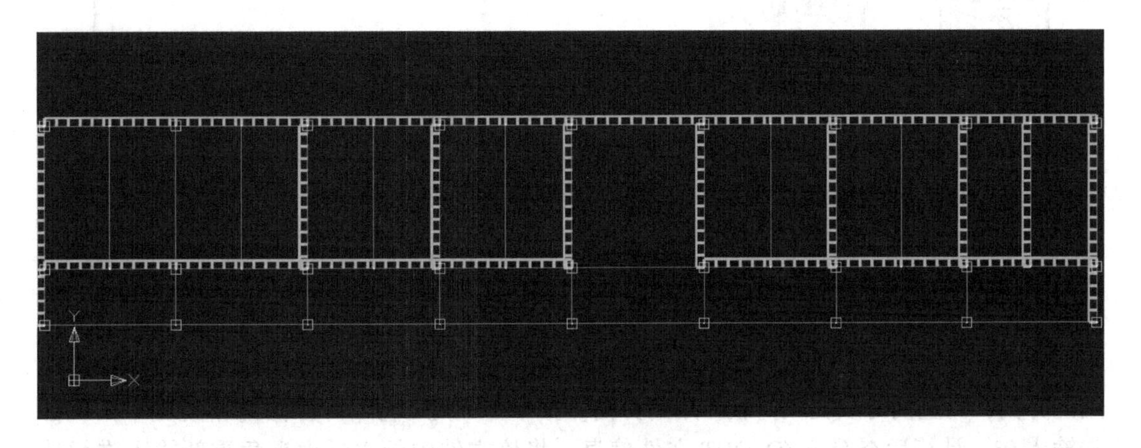

图 4-8　梁上恒荷载布置

4.2.1.4　建立其他标准层

添加新标准层，选择全部复制，可将第一标准层的信息，包括梁、柱截面信息、荷载信息等全部复制下来，可以在第一标准层的基础上修改其他标准层的信息。

4.2.1.5　楼层组装

楼层组装时将定义的结构标准层从下到上组装成实际的建筑模型，必须从下向上进行。底层柱接通基础，底层层高应从基础顶面算起。点击“楼层组装”，显示楼层组装对话框，如图 4-9 所示，选择第一标准层，计算标准层的高度，确定第一标准层的复制层数(都采用该标准层的楼层数量)，点击“自动计算底标高”并输入“基础顶标高”，点击“增加”，就会在组装结果一栏里面显示出已组装后的楼层。最后点击“确定”，完成楼层组装，并且可以在模型里面查看该楼的整体三维情况。之后就可以保存并存盘退出。

4.2.2　上部结构计算

4.2.2.1　总信息

(1) “水平力与整体坐标夹角”，该参数为地震作用、风荷载作用方向与整体坐标的

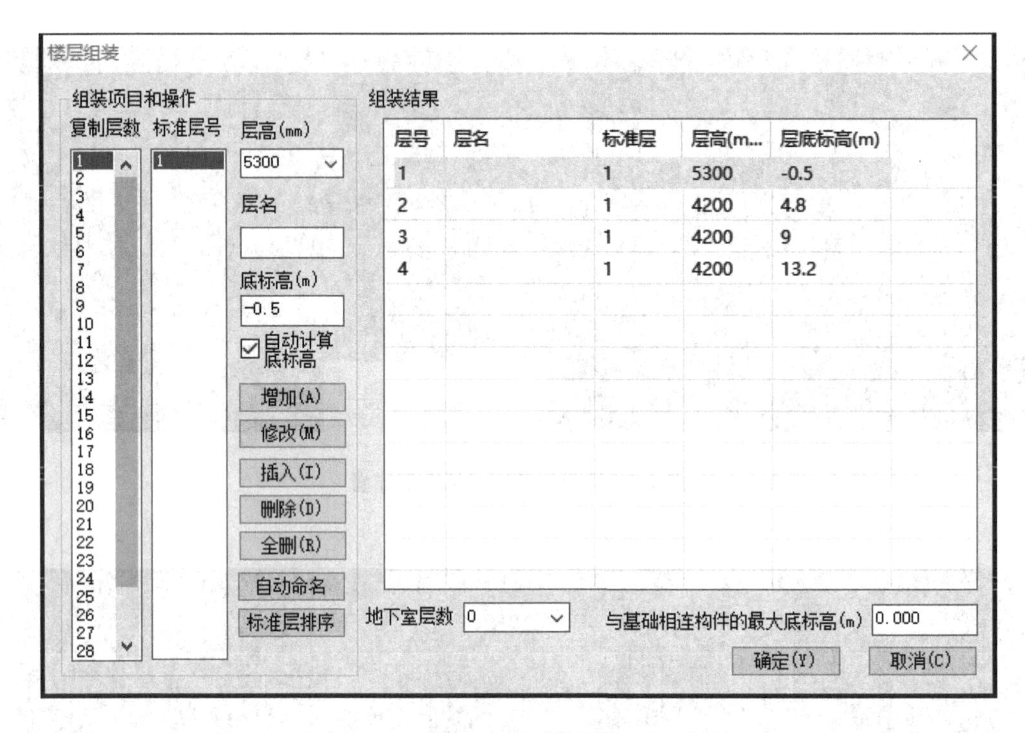

图 4-9 楼层组装

夹角。《建筑抗震设计规范（2016 年版）》(GB 50011—2010) 的第 5.1.1 条规定：有斜交抗侧力构件的结构，当相交角度大于 15°时，应分别计算各抗侧力构件方向的水平地震作用。对于矩形平面建筑，此参数一般不需要修改，水平力与整体坐标夹角不仅改变地震作用的方向，而且同时改变风荷载作用的方向。如果平面是 L 形、十字形等不规则平面，首先输入 0°，计算后查看 WZQ.OUT 文件信息，将该文件中的水平力夹角重新输入进行计算，直到两者接近。

(2) PM 里混凝土容重一般取 25 kN/m^3，SATWE 的混凝土容重一般考虑取 26 kN/m^3，主要是用来计算结构中的梁、柱、墙等构件自重荷载，考虑钢筋的重量和施工尺寸的误差引起的结构自重变化。

(3) “裙房层数”“转换层所在层号”均包含地下室层数。“裙房层数”仅用作底部加强区高度的判断。通过“转换层所在层号”和“结构体系”两项参数来区分不同类型的带转换层结构；部分框支剪力墙结构需要同时填上述两项，否则程序不执行《高层建筑混凝土结构技术规程》(JGJ 3—2010) 针对部分框支剪力墙结构的规定。“嵌固端所在层号”注意嵌固端和嵌固端所在层号的区别。如嵌固端为地下室顶板，则嵌固端所在层号为地上一层，理论上嵌固端以下不参与计算。

(4) “墙元细分最大控制长度”一般控制在 1 m 以内，软件隐含值即为 1 m，设计上部结构时不允许采用 2 m，2 m 只能用在计算位移等参数时采用，配筋及内力只能用 1 m，尽量细分网格。剪力墙不能盲目开洞，开洞不能留小墙垛，因为墙需剖分，墙太短无法剖分。墙长与厚度之比大于 4 时，按照墙输入墙元细分最大控制长度。跨高比大于 5 的连梁按框架梁输入墙元细分最大控制长度，不需开洞处理。关于网格剖分对斜板的影响，板必须角点共面，如果不共面，则无法计算，不共面的斜板程序自动去掉，对梁配筋影响较大，注意观察结构轴测简图，可以加虚梁解决多点不共面问题。

(5)“对所有楼层强制采用刚性楼板假定”仅用于位移比和周期比计算，在计算内力和配筋时不选择；SATWE 对地下室楼层总是强制采用刚性楼板假定；在进行强制刚性楼板假定时，位于楼面标高处（上下 200 mm 范围内）的所有节点强制从属于同一刚性板；对于跃层柱要用降低标高处理。

(6)“结构材料信息”包含了钢筋混凝土结构、钢-混凝土混合结构、砌体结构等。

(7)“结构体系”包含了框架结构、框剪结构、框筒结构、筒中筒结构、剪力墙结构等。

(8)“恒活荷载计算信息”中的一次性加载适用于小型结构与钢结构，不能模拟逐层找平；模拟施工加载 1 适用于大多数多层结构（大多数结构选此项即可），采用形成整体刚度，逐层加载；模拟施工加载 2 仅用于传递基础荷载，且不给基础传递上部刚度，不提倡使用；模拟施工加载 3 采用了分层刚度分层加载的模型，这种方式假定每个楼层加载时，它下面的楼层已经施工完毕，由于已经在楼层平面处找平，该层加载时下部没有变形，下面各层的受力变形不会影响到本层以上各层，因此避开了一次性加载常见的梁受力异常的现象（如中柱处的梁负弯矩很小甚至为正等）。这种模式下，该层的受力和位移变形主要由该层及其以上各层的受力和刚度决定。

(9)“风荷载计算信息”：大部分工程选择计算水平风荷载即可。特殊风荷载需要精细计算但不能完全依赖程序计算。水平风荷载根据规范公式计算迎风面和风压等，不能考虑风吸力。

(10)“地震作用计算信息”：《建筑抗震设计规范（2016 年版）》(GB 50011—2010) 第 3.1.2 条规定：“抗震设防烈度为 6 度时，除本规范有具体规定外，对乙、丙、丁类的建筑可不进行地震作用计算。”《建筑抗震设计规范（2016 年版）》(GB 50011—2010) 第 5.1.6 条规定：“6 度时的建筑（不规则建筑及建造于Ⅳ类场地上较高的高层建筑除外），以及生土房屋和木结构房屋等，应符合有关的抗震措施要求，但应允许不进行截面抗震验算。”

如果设计人员选择“不计算地震作用”，则软件不进行地震作用计算。

如果设计人员选择“计算水平地震作用”，则软件只计算水平地震作用，分 X、Y 方向。

如果设计人员选择“计算水平和竖向地震作用”，则软件同时计算水平和竖向地震作用，并且在荷载组合时分别考虑只有水平地震参与的组合、只有竖向地震参与的组合、水平地震为主的组合、竖向地震为主的组合。

(11)“规定水平力”的确定方式，主要计算位移比、倾覆力矩。有两项选择“楼层剪力差方法（规范方法）”和“节点地震作用 CQC 组合方法”。规范方法适用于大多数结构，节点地震作用 CQC 组合方法适用于极不规则结构，即楼层概念不清晰，剪力差无法做的结构。

4.2.2.2 风荷载信息

地震区无论是高层还是多层均应输入风荷载，体形复杂的高层建筑应考虑不同方向风荷载作用，结合“水平力与整体坐标夹角”进行多次计算取较大值。

(1)“地面粗糙度”“体形系数”按照规范要求输入；“修正后的基本风压”考虑地

形、环境的影响乘以修正系数，如山顶、山谷、海岛等。

（2）“*X/Y* 结构基本周期”。先按照程序给定的缺省值计算，然后将程序输出的第 *X/Y* 平动周期值填入重新计算。主要用于风荷载脉动增大系数的计算。

（3）“风荷载作用下结构阻尼比”。对于钢筋混凝土结构为 5%；对于钢结构为 1%；有填充墙钢结构或混合结构为 2%。该参数也用于风荷载脉动增大系数的计算。

（4）“承载力设计时风荷载效应放大系数”。现行《高层建筑混凝土结构技术规程》(JGJ 3—2010）对于敏感建筑放大 1.1 倍。对于风荷载比较敏感的高层建筑，风荷载计算时不再强调按 100 年重现期的风压值采用，而是直接按基本风压值增大 10%采用。对于房屋高度不超过 60 m 的高层建筑，风荷载取值是否提高，由设计人员根据实际情况确定。

（5）“用于舒适度验算的风压”。该值取重现期为 10 年的风压值，而不是基本风压。

（6）“用于舒适度验算的结构阻尼比”按照《高层建筑混凝土结构技术规程》(JGJ 3—2010）取 1%~2%。

（7）“考虑风振影响”和“构件承载力设计时考虑横风向风振影响”。按照《建筑结构荷载规范》取值。

（8）“设缝多塔背风面体型系数”。主要用于带抗震缝的结构风荷载计算中，设计人员可以在多塔定义中，设置风的遮挡面，此参数及“第 *x* 段体型系数”才共同起作用，如果不定义风的遮挡面，则“设缝多塔背风面体型系数”不起作用。

4.2.2.3 地震信息

（1）“结构规则性信息”可选择规则或者不规则。建筑形体及其构件布置的平面、竖向不规则形，详见《建筑抗震设计规范（2016 年版）》(GB 50011—2010）第 3.4.3 条。

（2）“设计地震分组”“设防烈度”按照规范具体规定选用。

（3）“场地类别”采用地质勘查报告提供的场地类别。

（4）“框架、剪力墙、钢框架抗震等级”按照规范规定选用。“抗震构造措施的抗震等级”根据规范条文中有关抗震构造措施的规定来确定是提高还是降低。

（5）“中震（或大震）设计”。我国的抗震设计，是以小震为设计基础的，中震和大震则是通过调整系数和各种抗震构造措施来保证的。中震（大震）弹性设计和中震（大震）不屈服设计是属于结构抗震性能设计的范畴，首先需要明确是所有构件还是重要构件（如框支结构构件、连体结构构件、越层柱等）要进行中震（大震）弹性设计或中震（大震）不屈服设计。

对于地震影响系数最大值 α_{max} 中震为 2.82 倍的多遇（即小震），大震为 6~4.5 倍的多遇（即小震）。中震（大震）弹性设计，首先要根据地震影响系数最大值 α_{max}，选用中震（大震）地震影响系数最大值 α_{max}，其次选择“中震弹性”即可。中震（大震）不屈服设计，首先要将地震影响系数最大值改为中震（大震）地震影响系数最大值 α_{max}，其次选择“中震不屈服”即可。中震（大震）弹性设计严于中震（大震）不屈服设计。由于按照中震设计时，没有考虑结构的强柱弱梁、强剪弱弯等调整系数，因此，按照中震设计的内力值不一定比小震计算的内力值大。此处风荷载不参与组合。

（6）“斜交抗侧力构件方向附加地震数”及“相应角度”最多可以附加 5 组地震作用，当结构的某些抗侧力构件的角度大于 15°时，应按照此方向计算水平地震作用，将周期计算结果里的地震作用最大方向角也在此填入，对于异形柱结构，最好增加45°方向进行补充验算（规范规定加速度值是0.1g和0.2g时才验算），最后构件验算取最不利一组（程序自动验算）。

(7)“考虑偶然偏心”。计算单向地震作用时应考虑偶然偏心的影响，计算位移比时必须考虑偶然偏心影响，计算层间位移角时可不考虑偶然偏心。对于高层建筑即便是均匀、对称的结构，也应考虑偶然偏心影响。偶然偏心对结构的影响是比较大的，特别是对于边长较大结构的影响是很明显的。

(8)“考虑双向地震作用”。质量和刚度分布明显不对称的结构，应计入双向水平地震作用下的扭转影响。“考虑偶然偏心”和“考虑双向地震作用”可以同时选择，数据选择其中更不利的，结果不叠加。

(9)“计算振型个数”。高层（特别是复杂高层及超高层）考虑扭转耦联的振型分解反应谱法计算的振型数一般不小于15（多层可以直接取楼层数的3倍），但也不能大于3倍楼层数，多塔结构振型数不应小于塔楼数的9倍。如果振型数取得足够多，但有效质量系数仍达不到90%，则应考虑结构方案是否合理。

(10)“活荷重力荷载代表值组合系数”。《建筑抗震设计规范（2016年版）》(GB 50011—2010）第5.1.3条规定：计算地震作用时，建筑的重力荷载代表值应取结构和构件自重标准值和各可变荷载组合值之和。一般情况下该参数即为《建筑抗震设计规范（2016年版）》(GB 50011—2010）第5.1.3条的组合值系数，一般民用建筑此参数取为0.5，但使用功能为图书馆等时，此参数为0.8或其他值。现在程序不能分段计算只能填一个数。

(11)“周期折减系数”。在框架结构、框剪结构及开洞剪力墙结构中，由于填充墙的存在使结构实际刚度大于计算刚度，实际周期小于计算周期，根据较长周期计算的地震力将偏小，使结构偏于不安全。周期折减系数只改变地震影响系数。对于采用石膏板等轻质隔墙，这些墙的刚度很弱，此处周期折减系数可以采用大值或不折减。

(12)“结构的阻尼比”。钢筋混凝土结构及砌体结构房屋取5%，不大于12层的钢结构房屋取3.5%，大于12层的钢结构房屋取2%，钢-混凝土混合结构房屋取4%，预应力混凝土框架结构房屋取3%，采用隔震或消能技术的结构阻尼比则高于5%，有的可以达到10%。地震影响系数随阻尼比减小而增大，其增大幅度随周期的增大而减小。

(13)“特征周期T_g”。根据设计地震分组和场地类别，按照《建筑抗震设计规范（2016年版）》(GB 50011—2010）第5.1.4条选用，一般情况前面设计地震分组和场地类别选定后，此处计算机自动选定数值，此数值可以根据地勘报告或地震安全性评价报告人工调整。

(14)“地震影响系数最大值”。根据抗震设防烈度和基本加速度按照《建筑抗震设计规范（2016年版）》(GB 50011—2010）第5.1.4条选用多遇地震下的水平地震影响系数最大值，一般情况下，前面抗震设防烈度和基本加速度选定后，此处计算机自动选定数值。

4.2.2.4 活荷载信息

(1)“柱、墙设计时活荷载”及“传给基础的活荷载”。柱、墙及基础活荷载折减只传到底层最大组合内力中，并没有传给JCCAD，JCCAD读取的仍然是荷载标准值，如果考虑基础活荷载折减，则应到 JCCAD 软件的荷载参数中输入，对于工业建筑不应折减。

（2）“墙、柱、基础活荷载折减系数”。对于《建筑结构荷载规范》(GB 50009—2012) 表 5.1.1 中第 1 项（1）类别功能（如住宅、办公等）的建筑，其 SATWE 所列的折减系数不需修改，但是对于《建筑结构荷载规范》(GB 50009—2012) 表 5.1.1 未列出的其他项功能（如商场、书店、食堂等）建筑，其 SATWE 所列的折减系数需要按照《建筑结构荷载规范》(GB 50009—2012) 第 5.1.2 条第 2 项修改。对于活荷载折减还应注意在主楼与裙房整体计算的高层建筑中，要避免裙房部分的框架柱按主楼层数取折减系数。计算错层结构时注意按楼层数折减会导致柱底内力折减过大，使柱底内力偏小。PMCAD 的恒活荷载设置中也有活荷载折减选项，勾选此选项对传到梁的活荷载进行了折减，此折减对梁、墙、柱、基础都起作用。如果在 SATWE 或 JCCAD 中又勾选折减，则在 PMCAD 中折减的活荷载，将在 SATWE 或 JCCAD 中重复折减，使结构偏于不安全。

（3）“梁活荷载不利布置”。软件仅对梁作活荷载不利布置计算，对墙、柱等竖向构件未考虑活荷载不利布置作用，建议钢筋混凝土结构均进行活荷载不利布置作用计算。

（4）“考虑结构使用年限的活荷载调整系数”。规范规定结构设计使用年限为 100 年时，系数取 1.1。

4.2.2.5 调整信息

（1）“梁端负弯矩调幅系数”。竖向荷载作用下，可考虑框架梁端塑性变形内力重分布，对梁端负弯矩乘以调幅系数进行调幅。现浇框架梁端负弯矩调幅系数可为 0.8~0.9。软件自动搜索框架梁并给出默认值，非框架梁、挑梁不调幅。软件可对恒荷载、活荷载、活荷载不利布置、人防荷载的计算结果进行调幅。

（2）“梁活荷载内力放大系数”。当考虑了梁活荷载不利布置后，此系数应填 1。

（3）“梁扭矩折减系数”。高层建筑结构楼面梁受扭计算中应考虑楼盖对梁的约束作用。当计算中未考虑楼盖对梁扭转的约束作用时，可对梁的计算扭矩乘以折减系数予以折减。梁扭矩折减系数应根据梁周围楼盖的情况确定。

对于现浇楼板结构，采用刚性楼板假定时，可以考虑楼板对梁的抗扭作用而对梁的扭矩进行折减，默认折减系数为 0.4，但对于结构转换层的边框支梁，扭矩折减系数不会小于 0.6。SATWE 自动考虑了梁与楼板的连接关系，对于两侧均无楼板的独立梁及弧形梁，该参数不起作用。当梁箍筋采用复合箍筋时，仅外圈箍筋计入受扭箍筋面积内。边梁扭矩折减系数不宜小于 0.6。

（4）“连梁刚度折减系数”。连梁刚度折减是针对抗震设计而言的，对非抗震设计的结构不宜折减。设防烈度高时可以折减多些，但一般不应小于 0.5，一般取 0.7。该参数对于以洞口形式形成的连梁和以普通梁方式输入的连梁均起作用。此参数输入得越小，结构自振周期和位移越大，连梁内力降低得越明显。

（5）“中梁刚度放大系数”。对于现浇板来说，作为梁的翼缘对梁的刚度有利，常利用梁刚度放大系数来考虑。对预制板结构、板柱体系的等代梁结构，此系数应填 1.0，对不与楼板相连的独立梁和仅与弹性楼板相连的梁，中梁刚度增大系数不起作用。中梁刚度增大系数对连梁也不起作用。梁的刚度放大不是为了在计算梁的内力和配筋时，按照 T 形梁设计，而是为了近似考虑楼板刚度对结构的影响。此参数选取大于 1 的系数后，结构的周期和位移有所减小，但梁的内力和配筋有所增大，为了避免形成“强梁弱柱”，建议周期、位移计算时，该参数取大于1，配筋计算时该参数取1。

（6）“托墙梁刚度放大系数”。该参数仅针对梁式转换层结构，由于框支梁与剪力墙的共同作用，使框支梁的刚度增大。托墙梁段刚度放大指与上部剪力墙及暗柱直接接触共同工作部分，托墙梁上部有洞口部分梁刚度不放大。因为现在的工程转换梁上部剪力墙大都开有洞口，且有的洞口靠近转换梁边，因此，建议不调整此系数，输入1。

（7）“按抗震规范5.2.5条调整各楼层地震内力”。该项主要是为了满足规范中所规定的最小剪重比的要求，一般情况选“是”，程序仅对0.000以上楼层调整，不考虑地下室部分。当某楼层地震剪力小很多，地震调整系数过大（大于1.2）时，说明该楼层结构刚度过小，则应先调整结构布置和相关构件的截面尺寸，提高结构刚度，不宜采用过多地增大该层地震剪力系数的做法。现行抗震规范要求只要底部总剪力不满足要求，则结构各楼层剪力均需要调整（应根据基本周期是位于反应谱的加速度段、速度段还是位移段，采用不同调整系数），不能仅调整不满足的楼层，地震剪力调整时，原先计算的倾覆力矩、位移和内力均要进行相应调整。

（8）“实配钢筋超配系数”。对于9度设防烈度的各类框架和一级抗震等级的框架结构，框架梁和连梁端部剪力、框架柱端部弯矩、剪力调整应按实配钢筋和材料强度标准值来计算，但在计算时因得不到实际配筋面积，目前通过调整计算设计内力的方法进行设计。该参数就是考虑材料、配筋因素的一个放大系数。另外，在计算混凝土柱、支撑、墙受剪承载力时也要使用该参数估算实配钢筋面积。

（9）“全楼地震力放大系数”。一般情况下，可以不考虑全楼地震力放大系数，即采用默认值1.0。当采用弹性动力时程分析计算出的楼层剪力大于采用振型分解反应谱法计算出的楼层剪力时，可以填入此参数。此参数对位移、内力、剪重比有影响，对周期无影响。

（10）“顶塔楼地震放大系数起算层号及顶塔楼地震作用放大系数”。当采用底部剪力法时，才考虑顶塔楼地震作用放大系数。目前SATWE软件均采用振型分解反应谱法计算地震力，因此只要给足够的振型数，一般可以不考虑放大塔楼地震力。

（11）“指定加强层”。软件自动实现加强层及相邻层柱、墙抗震等级自动提高一级，加强层及相邻层轴压比限值减小0.05，加强层及相邻层设置约束边缘构件。

（12）“0.2V0、框支柱调整上限”。由于程序计算的调整系数可能很大，用户可设置调整系数的上限值，程序缺省0.2V0调整上限为2.0，框支柱调整上限为5.0。

4.2.2.6　设计信息

（1）“考虑P-Δ效应”。对于混凝土结构，设计人员可以先不选择此项，待计算完成后，可以查看结构的质量文件，程序会提示该工程是否计算P-Δ效应。对于钢结构一般宜考虑P-A效应。刚重比计算中的重力荷载设计值为“1.2恒荷载+1.4活荷载”。

（2）“梁、柱重叠部分简化为刚域”。选择该项，软件在计算时梁、柱重叠部分作为刚域计算，梁、柱计算长度及端截面位置均取到刚域边，否则计算长度及端截面均取到端节点，梁、柱端刚域可以分别控制。当柱截面尺寸较大或为异形柱时，宜采用梁柱重叠部分简化为刚域，一般情况选择“否”，特别是考虑了“梁端负弯矩调幅”后，则不宜再考虑节点刚域。当考虑了节点刚域后，则在“梁平法施工图”中不宜再考虑“支座宽度对裂缝的影响”。不作为刚域即为梁柱重叠部分作为梁的一部分进行计算，作为刚域即为梁柱重叠部分作为柱宽度（柱宽上部分）进行计算。一般而言，梁、柱重叠部分简化为刚域后，结构的刚度会增加。地震作用下，基底剪力增大，端部内力增加，而结构的周期和位移则相应减小。竖向荷载作用下，端部内力会减小。

（3）“按高规或高钢规进行构件设计”。高层应勾选，多层不需。勾选则按《高层建筑混凝土结构技术规程》或《高层民用建筑钢结构技术规程》进行组合验算，不勾选则按《建筑抗震设计规范》或《钢结构设计规范》进行组合验算。

（4）“钢柱计算长度系数按有侧移计算”。该参数仅对钢结构有效，对混凝土结构不起作用。

（5）“结构重要性系数”。该参数用于非抗震组合的构件承载力验算，结构安全等级为二级或设计使用年限为 50 年时，应取 1.0，对于安全等级为一级的结构构件，结构重要性系数不应小于 1.1，建议一般工程为默认值 1.0。

（6）“梁保护层厚度”“柱保护层厚度”。应根据构件所处的环境类别按照《混凝土结构设计规范》取值。

（7）“柱配筋计算原则”。当混凝土结构按照空间结构计算时，框架柱宜采用双偏压计算配筋，因为在某种组合荷载作用下，计算柱某一方向的配筋面积的同时要考虑另一方向的内力值，这种计算方法比较符合工程实际，理论上讲，所有混凝土柱的受力状态都是双偏压，单偏压计算仅是双偏压计算的一个特例，但是双偏压计算出来的值多解。对于异形柱结构，无论设计人员如何选择，程序均按照双偏压计算异形柱配筋。《高层建筑混凝土结构技术规程》第 6.2.4 条要求“抗震设计时，框架角柱应按双向偏心受力构件进行正截面承载力设计”。如果设计者在“特殊构件补充定义”中指定了角柱（凸角处框架柱两个方向均只有一根梁与柱相连称为角柱，凹角处框架柱不是角柱），程序对其自动按照双偏压计算。在 SATWE“柱平法施工图”中有双偏压验算一项，一般来说所有混凝土柱最好用双偏压验算一下，以保证配筋计算的合理性。

（8）“框架梁端配筋考虑受压钢筋”。应勾选该项。《混凝土结构设计规范》(GB 50010—2010）第 11.3.1 条规定：梁正截面受弯承载力计算中，计入纵向受压钢筋的梁端混凝土受压区高度应符合一级抗震等级 $x \leqslant 0.25h_0$，二、三级抗震等级 $x \leqslant 0.35h_0$，不满足时会给出超筋提示。验算时，考虑应满足《混凝土结构设计规范》(GB 50010—2010）第 11.3.6 条的要求，程序自动取梁上部配筋的 50%（一级）或 30%（二、三级）作为受压钢筋计算。

（9）“结构中框架部分轴压比限值按照纯框架结构的规定采用”。主要是针对墙框架-剪力墙结构采用的选项，详见《高层建筑混凝土结构技术规程》(JGJ 3—2010）第 8.1.3 条。勾选此项后，程序将一律按框架结构的规定控制结构中框架的轴压比，除轴压比外，其余设计遵循框架-剪力墙结构的规定。

4.2.2.7 配筋信息

（1）“钢筋强度信息”。在 PM 中定义钢筋强度信息，其中梁、柱、墙主筋级别按标准层分别指定，箍筋级别按全楼定义。钢筋级别和强度设计值的对应关系亦在 PM 中指定。SATWE 中仅可查看箍筋强度设计值。

（2）“梁、柱箍筋间距”。强制按照 100 输入（计算结果均按照 100 间距显示配筋面积)，且现在的软件梁、柱箍筋间距以灰色显示，不许人工修改，经计算后用户根据内定100间距人工调整箍筋。当梁跨中有较大集中力作用，而箍筋分加密区和非加密区，且非加密区箍筋间距加大（>100）时，应复核非加密区配箍面积是否满足计算要求。

（3）“墙水平分布筋间距”。一般情况取200，计算结果的配筋面积是200间距的面积，如果想加密则需要根据间距换算。

（4）“墙竖向分布筋配筋率”。根据《建筑抗震设计规范（2016年版）》(GB 50011—2010）第4.4.3条选取，并根据抗震性能目标要求适当提高。

（5）“结构底部需要单独指定墙竖向分布筋配筋率的层数”及“结构底部NSW层的墙竖向分布筋配筋率”。设计人员可使用这两个参数对剪力墙结构设定不同的竖向分布筋配筋率，如加强区和非加强区定义不同的竖向分布筋配筋率。

4.2.2.8 荷载组合

根据《建筑结构荷载规范》(GB 50009—2012）及相关规范选取，程序默认值适应于大多数情况。

4.2.2.9 地下室信息

若总信息中的地下室层数设置为0，则地下室信息一栏为灰色，不用填写；若不为0，需要输入地下室信息。

（1）“土层水平抗力系数的比例系数”。该参数可以参照《建筑桩基技术规范》(JGJ 94—2008）表5.7.5的灌注桩项来取值。M的取值一般在2.5~100之间，在少数情况下，中密、密实的沙砾，碎石类土取值可达100~300。

（2）“外墙分布筋保护层厚度”。根据《混凝土结构设计规范》确定，该参数只在地下室外墙平面外配筋计算时用到。

（3）“回填土容重”。一般取18 kN/m^3。

（4）“室外地坪标高”。按照实际情况填写。

（5）“回填土侧压力系数”。该参数用来计算地下室外墙土压力，一般取0.5。

（6）“地下水位标高”。按照实际情况填写。

（7）“室外地面附加荷载”。建议一般取10 kN/m^2。

（8）“扣除地面以下几层的回填土约束”。该参数用来设置地下室若干层不考虑回填土约束。

附录　建筑施工图

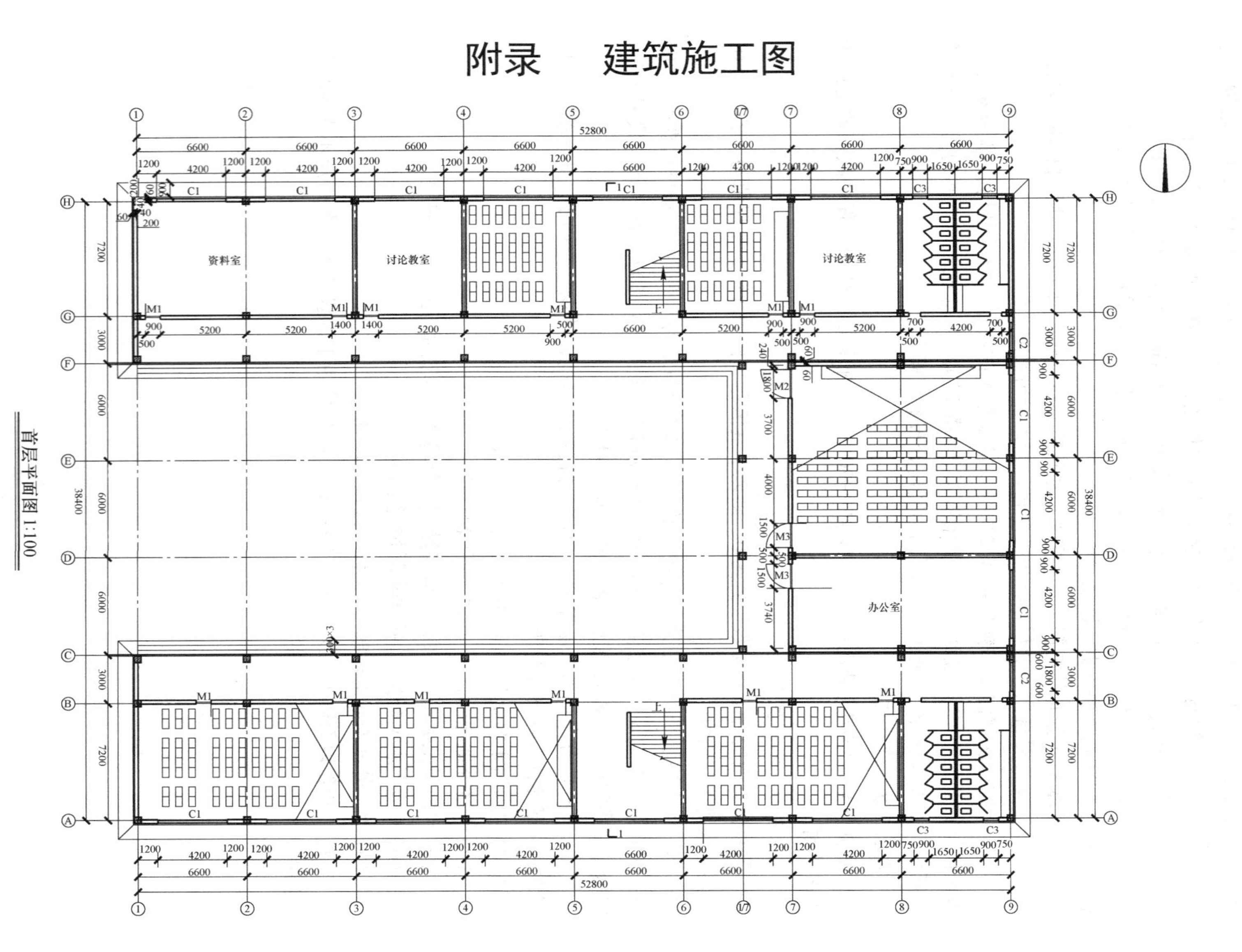

首层平面图 1:100

附图1　首层平面层

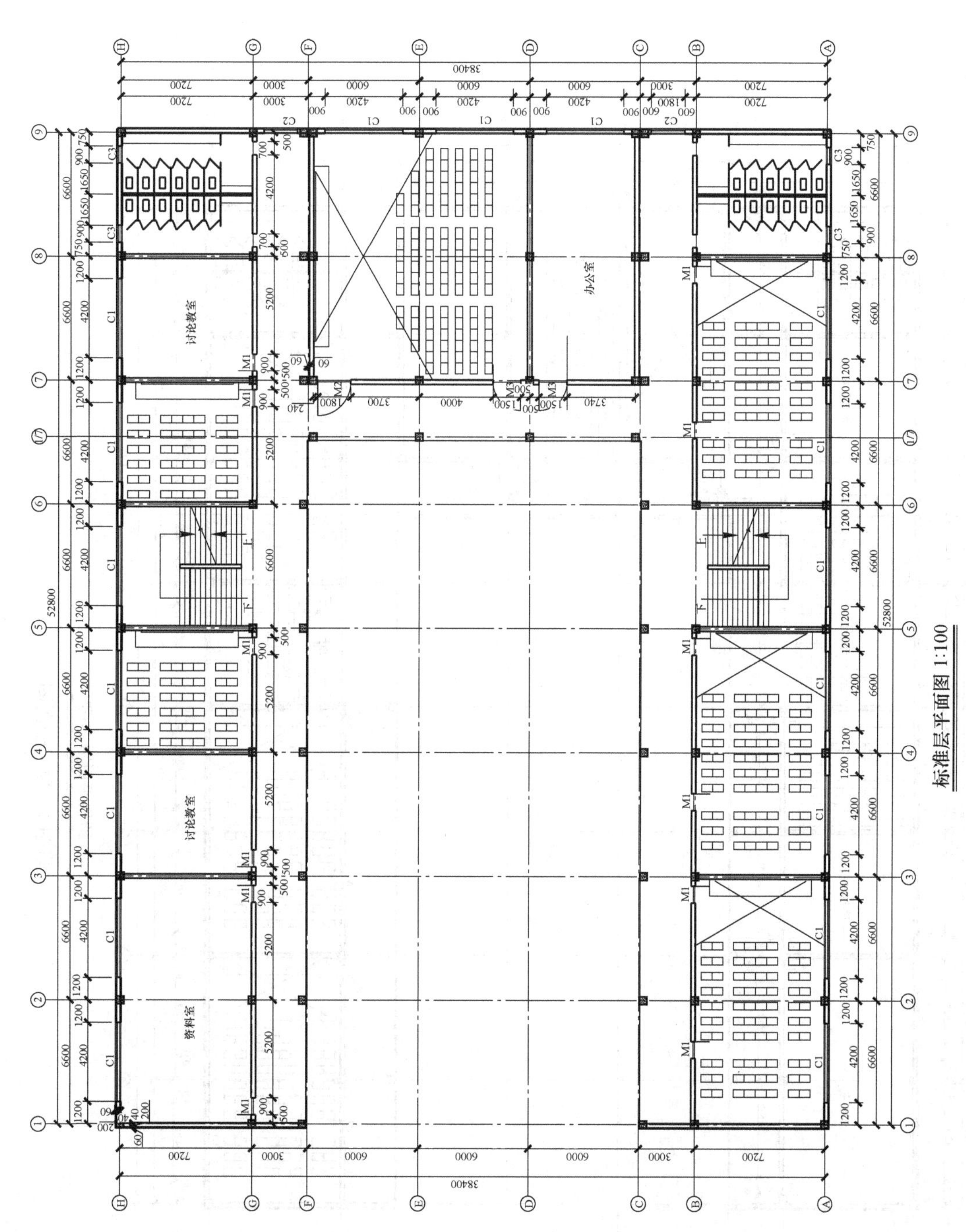

标准层平面图 1:100

附图 2　标准层平面图

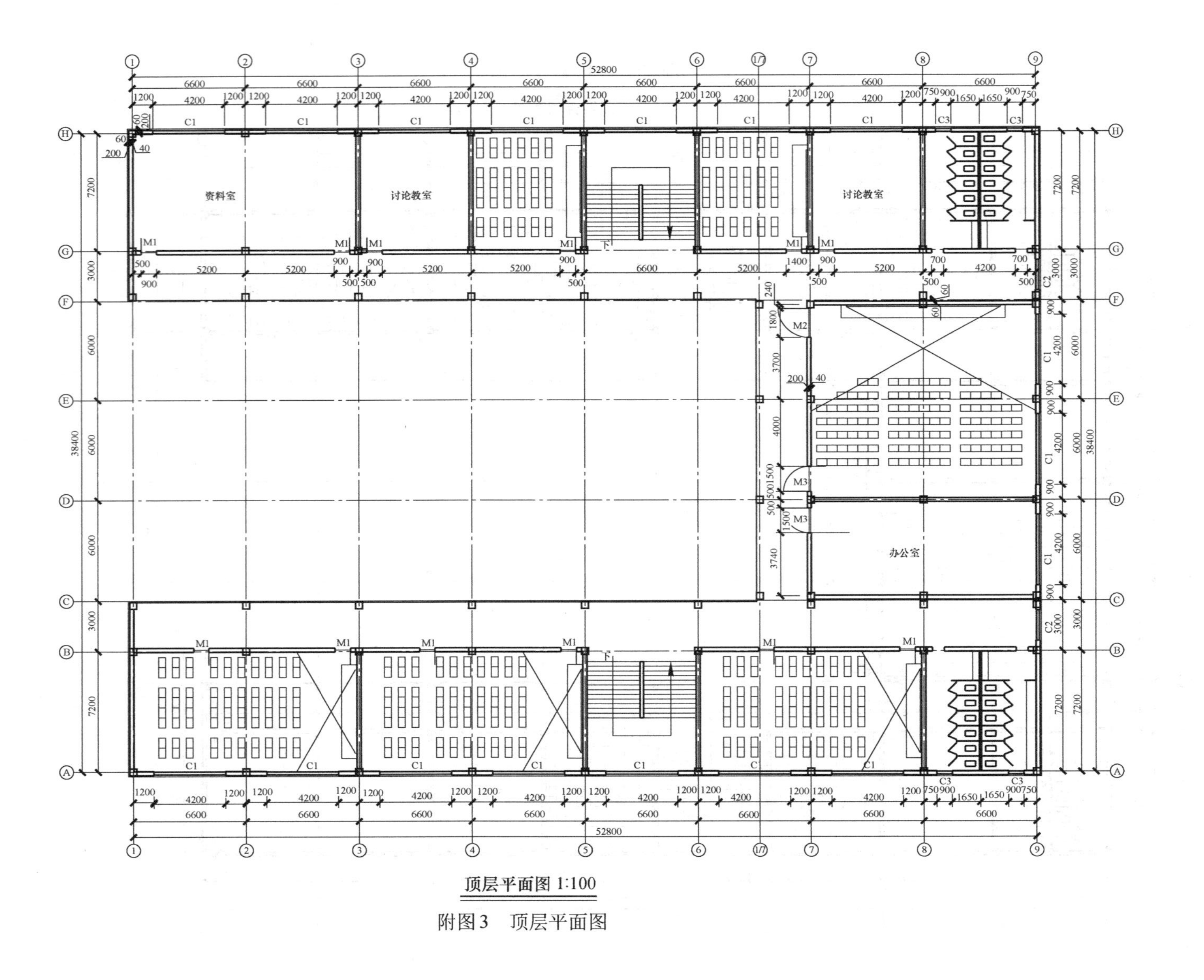

顶层平面图 1:100

附图3 顶层平面图

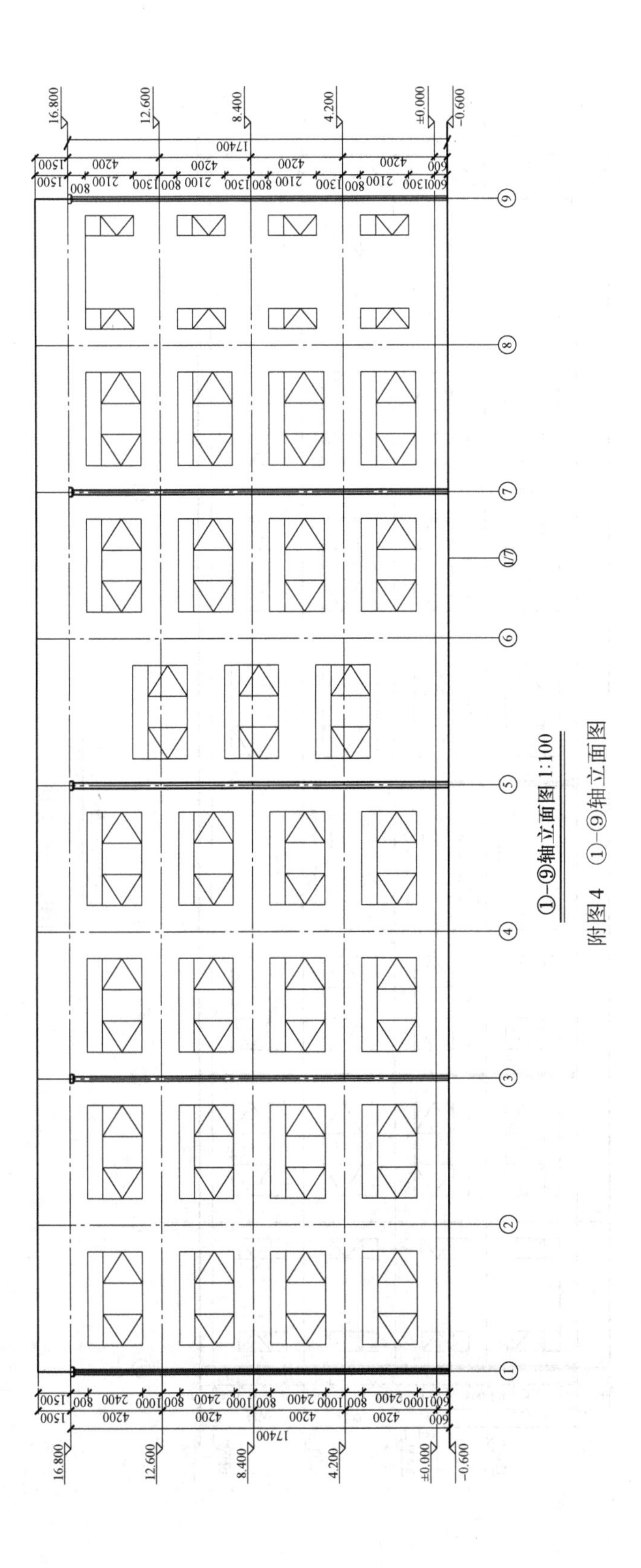
①-⑨轴立面图 1:100
16.800
12.600
8.400
4.200
±0.000
-0.600
17400
1500
4200
600

附图4 ①-⑨轴立面图

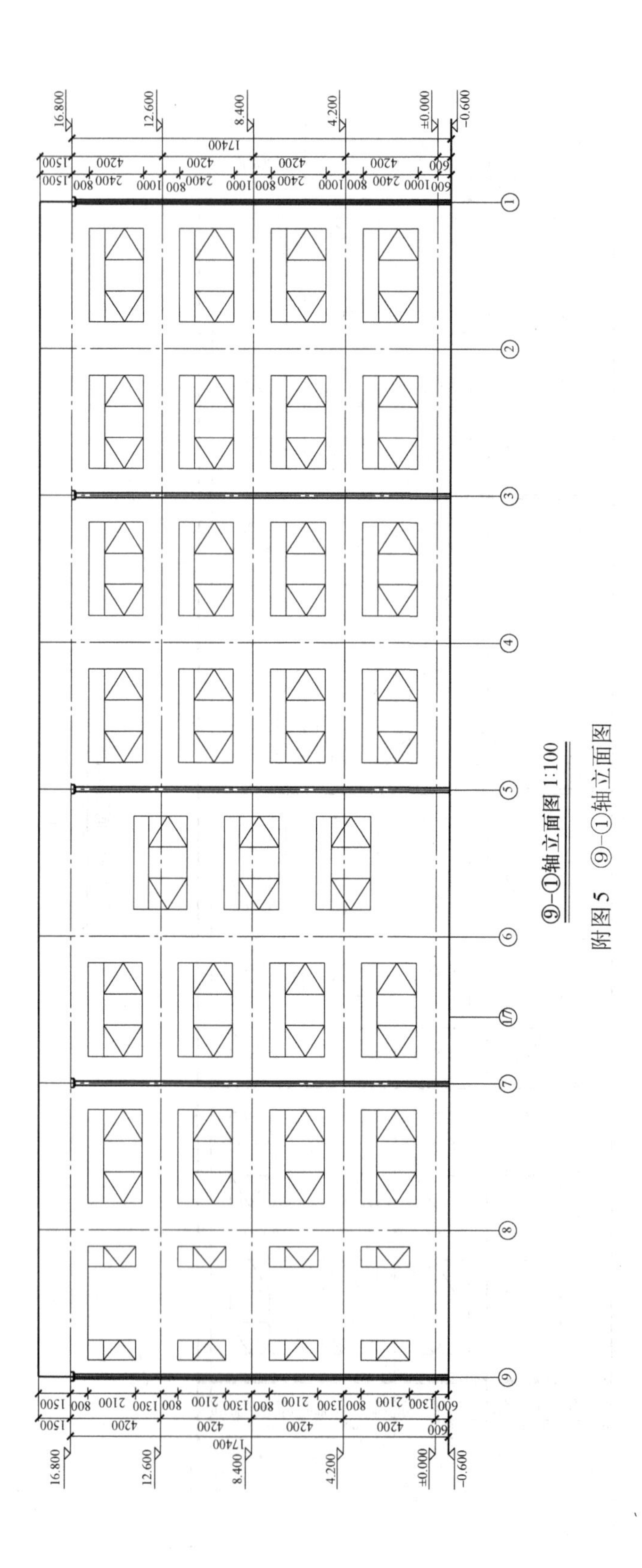
16.800
12.600
8.400
4.200
±0.000
-0.600
17400
4200
1500
600
2400
800
1000
1300
2100
①
②
③
④
⑤
⑥
1/7
⑦
⑧
⑨
⑨-①轴立面图 1:100

附图5　⑨-①轴立面图

参考文献

[1] 郑翊．统筹城乡发展进程中培养新型农民的对策研究［D］．合肥：安徽农业大学，2011.

[2] 中华人民共和国住房和城乡建设部．中小学校设计规范：GB 50099—2011［S］．北京：中国建筑工业出版社，2011.

[3] 中华人民共和国住房和城乡建设部．建筑采光设计标准：GB 50033—2013［S］．北京：中国建筑工业出版社，2013.

[4] 中华人民共和国住房和城乡建设部．民用建筑设计统一标准：GB 50352—2019［S］．北京：中国建筑工业出版社，2019.

[5] 中华人民共和国住房和城乡建设部．建筑防火通用规范：GB 55037—2022［S］．北京：中国建筑工业出版社，2022.

[6] 美国消防协会标准（NFPA）．Fire Prevention Code［S］．［S. I］［s. n.］，2006.

[7] 中华人民共和国住房和城乡建设部．建筑工程抗震设防分类标准：GB 50223—2008［S］．北京：中国建筑工业出版社，2008.

[8] UBC. Uniform Building Code［S］．［S. I］：International Conference of Building Officials，1997.

[9] 中华人民共和国住房和城乡建设部．建筑结构荷载规范：GB 50009—2012［S］．北京：中国建筑工业出版社，2012.

[10] 中华人民共和国住房和城乡建设部．建筑抗震设计规范（2016 年版）：GB 50011—2010［S］．中国建筑工业出版社，2016.

[11] ASCE. Minimum Design Loads for Buildings and Other Structures：ASCE/SEI 7-10［S］．Reston：ASCE，2010.

[12] 中华人民共和国住房和城乡建设部．混凝土结构设计规范（2015 年版）：GB 50010—2010［S］．北京：中国建筑工业出版社，2015.

[13] 中华人民共和国住房和城乡建设部．建筑地基基础设计规范：GB 50007—2011［S］．北京：中国建筑工业出版社，2012.

[14] 中华人民共和国住房和城乡建设部．办公建筑设计规范：JGJ 67—2019［S］．北京：中国建筑工业出版社，2019.

[15] 中华人民共和国住房和城乡建设部．建筑结构制图标准：GB/T 50105—2010［S］．北京：中国建筑工业出版社，2010.

[16] 中华人民共和国住房和城乡建设部．建筑与市政地基基础通用规范：GB 55003—2021［S］．北京：中国建筑工业出版社，2021.

[17] 中华人民共和国住房和城乡建设部．工程结构通用规范：GB 55001—2021［S］．北京：中国建筑工业出版社，2021.